行銷別再靠運氣！

從基礎開始的行銷思維

Strategy Partners執行長
西口一希

行銷別再靠運氣！

前言

《迷失在「行銷樹海」的旅人》

- 完全不知道該從哪裡起步才好
- 即使做了市場調查，也沒辦法有效活用
- 即使做了促銷，銷量也沒有任何成長
- 不管學了多少行銷，也不知道該怎麼實際應用在工作上……

三十年來，我從事過許多企業的行銷、品牌經理，以上這些都是在行銷前線經常聽到的聲音。年輕的我也曾抱持過這樣的想法。明明是以我學到的行銷方法論和手法為基礎來販售新品牌，銷售量卻停滯不前。當時，我所感受到的焦躁和不安，讓我像是在黑暗中徬徨打轉，看不見通往終點的道路。

在那之後，透過在錯誤中摸索的經驗，加上向前輩請教建議，我學會了「以顧客為起點的行銷（顧客起點行銷）」，這也讓我得以將行銷的職涯延續至今。

在經手寶僑、樂敦製藥的行銷、品牌經理等職務後，我擔任日本歐舒丹董事長。此後，在當時還是新創企業的Smart News擔任執行董事，負責日本和美國的行銷業務，參與了多方面的商品及服務。

現在，我則創立了Strategy Partners公司，主要進行經營顧問和投資事業，對各式各樣的企業提供經營支援，並從中輔助企業經營者或事業負責人。在這當中我深深體會到，有許多人仍持續在行銷的前線摸索徬徨，並苦惱於相同的問題點。

為了讓事業有所成長，即使學習了各種行銷的理論和技巧、嘗試了各種對策，也得不到想要的成果，最後僅是耗費勞力和時間，讓自己疲憊不堪……這種模樣正如同迷失在樹海的旅人。

《聳立在「學」行銷和「會」行銷之間的一道高牆》

看到「行銷」這個詞彙，或許會對這個世界產生一種聰明、華麗的印象，但實際踏入後，這種印象就會有所改變。你會發現行銷世界的實際情況就如同樹木鬱鬱蔥蔥地連綿而生的樹海，在那裡面嶄新的手法和技巧不斷誕生，氾濫著「○○行銷」、「○○策略」、「○○理論」等各式各樣的手法。

學習行銷時，往往很容易只看見這些。再加上，商業市場的環境時時刻刻都在變化著。因此，滿溢在行銷世界裡的工具和方法論變成樹木和雜草相互交纏，遮掩住前方的道路。沒做好萬全的準備就一腳踏進去話，不僅找不到出口，連終點在哪裡也將毫無頭緒，最終甚至會迷失方向，漫無目的地徘徊下去，彷彿是迷失在樹海裡一樣。

此外，在行銷的世界裡有許多專業用語，也有很多行銷相關的書籍或網站在解釋這些用語，而一些行銷的初學者可能會透過閱讀，努力地嘗試去理解它們。

但是，這些用語很多都被以曖昧不明的定義衍生作為業務的目的來使用。就算用起來像是非常有說服力的專業用語，意義或定義曖昧不明的用語終究只不過是糊弄人的噱頭而已。

所以，即使有很多人好不容易記住用語，也感覺自己理解它了，但實際上也僅止於「知道」的地步。

在行銷的學習與實踐之間，聳立著一道高牆。無法跨越那道牆而四處亂竄，正是迷失在行銷樹海的最佳寫照。

《為了穿越「行銷樹海」》

想要穿越行銷樹海，與起死記流行的工具或具體的理論，更重要的是先理解包含行銷在內的「商業原則」。

若能系統性地理解商業原則和行銷之間的關係，並掌握住為了提升業績，顧客所需要的東西，它將會成為羅盤為我們指引方向，引領我們穿越行銷樹海，遊走於商業世界。我撰寫本書的目的，正是要彙整出引領大家穿越行銷術海的羅盤和地圖。

本書不僅是幫助大家將行銷實際運用於工作中的羅盤和地圖，同時也可視為所有從事商業的人在起步時必讀的入門書。

在本書中，首先我會先梳理「讓行銷變得困難」的原因和現狀。接著，藉由解析行銷必須探討的商業原則，幫助各位以更簡單且有系統的方式理解行銷。

然後，我將說明各種事業都必須創造的「價值」、「價值的持續性」和「不被捲入削價競爭的價值」。接著，我會把事業區分為幾個不同的階段：創造期「0→1」、初期成長期「1→10」、擴大期「10→1000」，藉由視覺化的結構幫助我們判斷行銷應該發揮的目的。

最後，我將為各位解釋經常讓行銷變得混亂的「品牌管理」，以及「成為行銷專員必備的要素」。此外，我也會分享讓職涯更加充實的訣竅。

本書針對那些對行銷有興趣的人、不知道如何開始的人，或是想理解行銷但越做越迷惘的人，盡可能避免使用過多專業用語，以淺顯易懂的方式進行解說。

我衷心希望讀者們能夠透過本書穿越行銷樹海，不管是在事業上，或是在自己的職涯中都實現持續性的成長。

行銷別再靠運氣！　目錄

第2章

行銷就是創造價值——理解行銷的關鍵在於「價值」

第3章

在與顧客接觸時就可以瞭解價值——該如何發現並創造價值

第4章

從0到1，從1到10，從10到1000——實現持續性的成長

第6章

透過行銷持續提高價值——企業和個人都會藉由創造價值而持續成長

第 1 章

為什麼會有那麼多人迷失在「行銷樹海」裡？

——關於行銷的各種誤解

行銷究竟是什麼？

《「行銷是什麼？」這個問題你回答得出來嗎？》

「行銷」這個詞在工作上常常會聽到，但每個人對它的定義都不太一樣，如促銷活動、數位行銷、廣告宣傳、吸客策略、搜尋、商品開發、數據分析等。這就是讓從事行銷業務的人迷失在樹海的其中一個原因。也就是說，**「行銷」這個詞的定義太過曖昧不明，而且因人而異。**

我們不可能在不先定義足球的情況下就成為職業足球選手；而且和對定義有各種不同理解的隊友組隊也無法獲勝。試著這樣想像看看，就可以理解定義的重要性了。

在網路上搜尋行銷的定義，會跳出各式各樣的資訊。舉例來說，我們來看看行銷的發源地——美國的代表性組織美國行銷協會所給出的定義吧！

「行銷是創造、傳達、配送、交換對顧客、委託人、夥伴、全體社會來說具有價值的提供物的一種活動、一連串的制度及過程。」

※原文為慶應義塾大學商學部高喬郁夫教授翻譯

好像可以理解，但總覺得措辭有些困難呢。

那麼日本又是如何呢？以下是出自日本行銷協會的定義。

「行銷是企業及其它組織站在全球化的視野上，取得和顧客間的相互理解，透

過公正競爭創造市場的整體活動。」

相信應該很少人能馬上理解這段話。另一方面，被稱為行銷之父的菲利普・科特勒說：**「行銷是個人或集團，透過創造、交換產品及價值，來滿足需求和欲求的一種社會性、管理性的過程。」**

需求和欲求這兩個詞彙可能比較難理解，我們來看看科特勒提過的另一種說法：**「行銷管理是選擇目標市場，並透過創造、傳達、提供優良的價值，來獲得、維持、培養顧客的一門技術。」**

另外，對行銷理論影響深遠、被譽為「和科特勒比肩的大師」的經濟學者狄奧多・萊維特說：**「行銷即是創造顧客。」**

看到「顧客」、「價值」、「創造」等詞彙不斷出現，也許有人會想：「看樣子這些東西就是關鍵吧？」

此外，還有像是「行銷是一種作業，目的在於讓事業成長，並建立可持續暢銷的系統」之類的說法。只要一搜尋，各種資訊就會接踵而來。

然而，對於這樣一個定義模糊、解釋也因人而異的概念，我們很難掌握它的本質。定義不明確的東西本來就很難理解，更不用說執行了。正因如此，行銷經常被誤解，甚至被賦予過高的期待，而對於行銷的低估或高度期望也由此而生。

《如同樹海般日益繁多的行銷方法論和手法》

讓很多人迷失於行銷樹海的另一個原因，是**方法論和手法不斷推陳出新**。

在網路上搜尋行銷的方法論和手法，會跑出眾多相關資訊。許多人應該都聽過「行銷的4P」、「STP」、「3C分析」、「SWOT分析」等詞彙。不過，或許也有人每次聽到這些詞彙時，都會感覺快被壓得喘不過氣。

而且，隨著時間推移，社會環境和時代不斷變化，方法論和手法也隨之越來越多。舉例來說，一九九〇年代只會在商店販售商品，但如今，併用電商已經成為許多企業和組織的理所當然了。而當時，想到這一點的只有Amazon。未來新型的販售手法或交易型態將會不斷增加，為了應對這些變化，行銷的方法論和手法只會持續增多。

但是，如果目光只放在這些方法論和手法上，將會被帶到樹海的更深處。名為方法論和手法的樹木不斷增加，讓你搞不清自己的位置，也找不到得以著手的地方。

因此，很多人雖然接二連三地嘗試各種方法，但如果沒有理解行銷的構造和原則，是沒有辦法取得成果的。讓我們這樣說吧！即使工具再怎麼齊全，如果不知道根本的使用目的和使用方法，也毫無意義。

《「最新的技巧」在一段時間後就過時了》

有時候當你還在被方法論和手法折騰時，方法論和手法本身就已經被淘汰，或是過時了。例如，過去我有一項技能就是如此。

一九九〇年左右我加入P&G公司。那個時代不只不存在電商這個詞彙，連公司裡都沒有幾台電腦。進到公司的第一年，我努力進行著一個叫做「尼爾森分析」的業務。

舉例來說，當時我負責的是販賣嬰兒用紙尿褲的「幫寶適」公司。一家名為尼爾森的調查公司，每兩個月會把「幫寶適」的市場情報印刷成紙本送來，裡面包括上個月的銷售數字、熱銷地區、價格情況，以及競爭品牌的狀況等資訊。

我需要將印刷在超過五公分厚的紙張上的市場情報，輸入到當時剛出現的電腦試算表軟體，並將資料整理好，讓它們能進行四則運算。這可以幫助我進行各種分析，所以我拼命地完成這項工作。

這項工作進行了大概三個月後，在不知不覺間我學會了盲打，輸入到試算表軟體的速度變得非常快。那時候我心裡想：「太好了，我掌握了快速分析的行銷技能了！」

但是，在那一年後，尼爾森交付過來的資料，從紙本資料變成了電子資料。在這樣的情況下，我的盲打技能怎麼了呢？當然是變得毫無作用。現在我還是很擅長鍵盤盲打，但已經沒有人或公司需要這項技能了。回過頭來看，那時候花費在學習盲打的時間和勞力簡直是浪費了。

未來隨著數位化的發展，許多技能和工作都會變得越來越不再需要，我的故事就是一個典型的例子。**方法論和手法等，這些東西的「HOW」隨著時代的變化，將會變得不再重要。**

因此，如果只把注意力放在方法論和手法上，會存在一種風險。你可能會被那些東西束縛住，最終漸漸被淘汰。

《現今的行銷工具有9900種以上，你記得住嗎？》

市面上有許多行銷領域相關的書籍。

在那之中，科特勒著有大量的書籍，包含被視為聖經的《行銷管理》。他藉由這些書籍，根據不同時代的變化來講解行銷。但是，突然讀起這些文獻，一時可能也很難理解，更不用說活用了。《行銷管理》是一本全面性地探討行銷的好書，但也正因為如此，此書也是本超過一千頁的大作。要一邊記住書中各個項目的關聯性，一邊理解整體內容是件極為困難的事。

另外，除了書籍以外，網路上也充斥著「行銷用語集」、「必背行銷用語」等網頁。除了日本的網站以外，還有海外的網站。粗略一看，我能理解的用語也只有一半左右。

總而言之，世界上就是充斥著如此大量的行銷關聯用語，我們很難記住這麼多東西。這就是讓大家覺得行銷莫名其妙，被行銷搞得一團混亂的一大原因。

從32頁的「行銷科技地圖」（混沌地圖）就可以明確地看出這種狀況。這張圖是對應用在行銷領域的科技工具進行整理後製作而成的地圖，自二〇一一年起，每年都會發布一次。二〇一一年時，這張圖上只有約150種工具，而到了二〇二二年五月發布的最新版，數量已經暴增至９９３２種，在短短11年間成長了６５２１％。行銷的世界真的是走向混亂了。

過去的混沌地圖上還能看到工具的名稱，但近年來只剩下商標，工具的數量也多到已經難以逐一辨識。別說活用了，連要記住這9932種工具也幾乎是不可能的事。光是看到這張圖就能深刻體會到，行銷的世界真的如同一片茫茫無邊的樹海。

「行銷科技地圖」（混沌地圖）2011

https://chiefmartec.com/post_images/marketing_technology_landscape.jpg

2022 年的混沌地圖

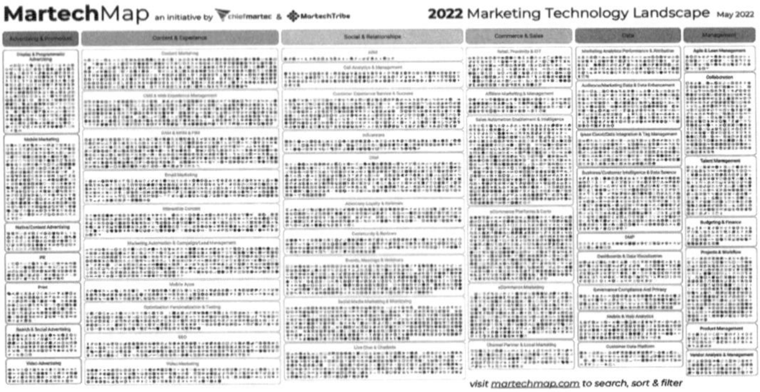

https://chiefmartec.com/2022/05/marketing-technology-landscape-2022-search-9932-solutions-on-martechmap-com/

「行銷４Ｐ」真的很重要嗎？

《其實４Ｐ中少了顧客》

光是看到這張行銷混沌地圖，就足以讓人感受到行銷的莫名其妙。但是，讓行銷變得困難的原因還有很多。

最有名的「行銷４Ｐ」就是其中之一。

４Ｐ作為行銷基本中的基本，經常被提及。４Ｐ這個架構是在一九六〇年代「行銷」這個詞彙開始受到全球關注時，由科特勒所推廣開來的。它組合了行銷當中四個重要的策略，名稱則取自四個字的字首。

・**產品／Product：要賣什麼商品？**

・**地點／Place：要在哪裡賣？怎麼賣？**

・**宣傳／Promotion：促銷活動、公關、廣告等要如何進行？**

・**價格／Price：價格要設定為多少？**

4P至今仍然廣為人知，學習行銷時一定會接觸到，許多人應該也都聽過。雖然4P常常被說是行銷的基本，但我認為這正是大家對行銷產生誤解的一大原因。為什麼這麼說呢？

4P本來被視為是由科特勒的友人、行銷學者傑羅姆・麥卡錫於一九六〇年提出的理論。然而，事實上在那之前的一九五八年，羅伯特・哈羅維就在明尼蘇達大學商學系發表了論文集。

而四個P的中間有一個「C」，這個「C」即是消費者（Consumer）。

也就是說，這表示：「行銷就是針對購買商品的顧客所必須做的事，而分成四個P來思考，能夠更簡單地理解這些內容。」簡單來說，只要先確立「目標客群是誰？」這個前提，再專注於四個P，就能更清楚地掌握行銷的核心。

事實上，科特勒也曾表達過相同的觀點。他在書中寫道：「在思考應該為消費者做什麼時，只要透過四個P來掌握，就能更容易地整理出來。」

不過，這段內容出現在篇幅極長的書中，且與4P的章節分開，因此許多人誤以為「4P和消費者是互相分離的」，這其實與科特勒的本意正好相反。

或許是因為4P的架構看起來簡單易懂，才讓人們產生這樣的獨立解讀。但是，這樣的解讀卻間接導致了4P理論中忽略了消費者的存在。

話說回來，最近科特勒表示，他不會在自己以前所寫的書上簽名，因為這些書「已經沒有用了」。雖然他沒有明確提到4P和消費者之間的關係，但我猜測這可能與這部分被誤解並廣泛流傳有關。

總而言之，消費者（顧客）的視角在早期階段就從現在大家所熟知的行銷4P中被忽略了，只剩下顧客以外的要素迅速地傳播開來。

《那些枝葉末節的東西會讓你迷失在樹海》

一九八〇年代左右的日本，4P的架構被稱為「行銷組合」，開始普及於企業間。

特別是一九九〇年代中期後，在「目標客群」這個前提被忽略的情況下，行銷領域的科技和工具仍然不斷增加。最終，導致大家只關注販賣商品和服務（後文將統稱為**「產品」**）的手段和手法（HOW）。

因此，「什麼樣的顧客，會用什麼樣的心情，如何花錢在產品上」的視角漸漸地不再被重視。即使如此，在我剛開始接觸行銷的一九九〇年代，由於網路還沒有普及，跟現在比起來還是個相對單純的時代。

二〇〇〇年以後，隨著網路在人們的日常生活中逐漸普及，販賣手段和傳達手段的HOW呈現爆炸性增長，而企業和廣告代理商也拼命地追趕著。

正是從這時候開始，比起提升產品本身的品質，大家的注意力轉向了廣告和爆紅手法上。最終，導致有不少人誤以為思考「怎麼販賣產品」就是行銷。

特別是在過去10年，行動媒體的興起，讓傳達、販賣的手段和手法發生了巨大的變化。

由於能夠迅速且廣泛地向消費者傳遞產品資訊的工具和科技瞬間大量出現，比起思考「誰是顧客」，方法論逐漸走在前面，導致只有HOW（做法和方法）不斷增加。

行銷相關的流行詞彙都是噱頭而已，這樣的說法一點也不為過。

就像是樹木枝葉過度茂密、連樹幹也看不到的樹海中，有枯萎的樹木，也有凋零的樹木；但在旁邊，卻總會有棵名為「新科技」的樹木，轉眼間便茂盛地生長起來。樹海依然在不斷擴張，迷失在裡面的人甚至不清楚自己身處何方。

存在於實際行銷業務中的樹海

《於實際行銷業務中進行的流程本身就是片樹海》

我一直將行銷比喻為樹海，而這片樹海也存在於實際的業務上。接下來，就讓我簡單說明這是什麼意思。

一般來說，若將行銷的業務簡化，就會形成PDCA（Plan：計畫→Do：執行→Check：評估→Action：改善）的循環流程。其中包含了「調查、分析」→「STP（策略）」→「4P（戰術）」→「執行、管理和回顧」等階段。

首先，在「調查、分析」的階段，會從市場、顧客、競爭對手、社會環境等各種情報和資料來進行分析。

在「STP（策略）」的階段，會把市場區分成幾個類別後，再決定要在哪個種類的市場進行販售，並思考如何做出與競爭對手的區隔。

在「4P（戰術）」的階段，會決定產品（什麼樣的商品或服務）、地點（銷售方法）、宣傳（傳播、促銷活動）、價格（定價多少）。

在「執行、管理和回顧」的階段，會執行規劃好的計畫，並回顧它的結果，作為下一步的參考。

這些就是行銷業務中的循環流程。專家或許對它們的定義或分類各有不同的見解，但大致上就是這樣的感覺。其中有一些代表性的行銷專業用語，只要在網路上搜尋一下，就會跑出許多解說和例子（本書以成為穿越樹海的羅盤為目標，所以就不特別說明。如果有不懂的用語，現在也請不用在意)。

這個行銷流程乍看之下很合乎邏輯，好像只要踏實執行，就能取得成果一樣，但實際上卻不是那樣。

如果沒有獲得成果，便會再次進行「調查、分析」，重新思考「ＳＴＰ（策略）」，並嘗試各種被包裝成值得學習的成功案例或最新型行銷手法的「４Ｐ（戰術）」，但仍然無法得到想要的結果。最終，就陷入這個負面循環裡。即使有獲得成果，多半也都不會持續太久。

順帶一提，大家所接觸到的大量行銷情報、最新手法和混亂地圖上的各種工具，大多都集中在「４Ｐ（戰術）」上，所以越是學習，注意力就越容易被侷限在「４Ｐ（戰術）」。此外，即使藉由新的「４Ｐ（戰術）」取得了成果，到目前為止所進行的「４Ｐ（戰術）」也難以割捨，要做的事就會因此增加，除了投資報酬率隨之變差外，業務量也越來越多……這就是迷失在樹海之中的狀態。

不過，這個包含了「調查、分析」→「ＳＴＰ（策略）」→「４Ｐ（戰術）」→「執行、管理和回顧」的ＰＤＣＡ循環並沒有錯，可以說只是欠缺了兩個能夠連結行銷流程與成果的「軸心（後文會詳細說明）」而已。這正是引領大家穿越行銷樹海、抵達終點並取得工作成果所不可或缺的羅盤。

只要理解「軸心」，你就不會再被世界上大量的行銷教科書或不斷增加的資訊要得團團轉，變得能夠主動篩選並取捨行銷相關資訊，讓它們真正發揮在你的工作上。

所以，行銷到底是什麼？

《究竟生意是如何成立的？》

想要穿越行銷樹海，在商業世界裡自由翱翔，必須擁有我在「前言」中提到的羅盤。如果被那些枝葉末節的手法和工具牽著走，將會無止盡地迷失在樹海裡。因此，重點不在於追逐眼前的手法，而是理解最根本的原則。

讓我們把話題拉回到行銷的定義，並重新思考一次吧！

在我舉例的定義裡，出現了各式各樣的詞彙，而在那之中，「顧客」、「價值」、

「創造」是共同的關鍵字。將這些關鍵字試著排列組合後，會變成這樣：

行銷，即對顧客創造價值。

這樣想的話，是不是就能很簡單地理解了呢？

那麼，「創造價值」是什麼呢？不，在那之前，「價值」究竟是什麼？我認為這是一件不管是對行銷，或是對任何業務來說都很重要的事。

因此，首先就讓我們先思考看看「生意是如何成立的？」。

我們根本上是為了取得工作的酬勞才工作的，而要取得報酬，必須要有人付錢給我們。也就是說，要先有**顧客**。我們必須要創造出能讓顧客覺得「付錢也沒關係」的某種東西，即讓顧客能夠發現價值的產品（商品、服務或體驗）。而為了達成此目標所做的事情的總和就是行銷。

《行銷就是去思考顧客和價值》

於是，我會如此定義行銷。

> **【作者對行銷的定義】**
>
> **洞察顧客的需求，創造出顧客能發現價值的產品。接著，不斷提高那**

個價值，創造持續性的收益，並利用收益進行二次投資，持續創造新的價值。

也就是說，行銷直接關聯著經營。

而最重要的是**WHO跟WHAT的組合**，也就是思考針對「什麼樣的顧客（WHO）」，提供「什麼樣的產品（WHAT）」來創造價值。除此之外，四個P當中的宣傳（媒體、廣告或創意手法）、地點（銷售通路、銷售方法）、價格（價格的決定）都只不過是為了實現WHO跟WHAT的組合的手段和方法（HOW）而已。那些手段會隨著時代改變，也有過時的可能性。

因此，首先應該避免被眼前的手法所迷惑，並牢牢抓住WHO跟WHAT。

只要確實掌握了WHO跟WHAT，必須採取的行動（HOW）自然就會在眼前浮現，也就不會迷失在行銷樹海之中了。

穿越行銷樹海的第一步就是，理解**價值是什麼**。

那麼價值該如何製造、如何提升呢？從下一章開始，我將為各位說明那些關於價值的事。

第 2 章

行銷就是創造價值

——理解行銷的關鍵在於「價值」

價值是什麼？

《誰在尋找價值？那是什麼樣的價值？》

我在第一章提到，行銷最重要的就是創造價值。

人會對感受到價值的東西付出報酬。那麼，價值到底是什麼呢？

在這邊讓我們以牛奶廠商所提供的牛奶為例子，來思考看看價值吧！

首先，牛奶有價值嗎？答案是可以說有，也可以說沒有。

這是因為對牛奶過敏的人無法在牛奶上感受到花錢的價值。不管怎麼對這些人推銷：「來試試我們的牛奶，好喝又健康喔！」他們也不會購買，這時候反而不要推銷比較好。

相反地，持續回購著牛奶的顧客，也是因為看到了某種價值才願意不斷花錢。因此，洞察這些顧客的特徵以及他們發現價值的地方，就成為一件很重要的事。

接著，要做的就是讓其他同樣能看到這份價值的人認識商品，並讓這些人在實際喝過後感受到美味，促使他們不斷回購。

《「WHO（對誰）跟WHAT（什麼產品）」的組合》

最重要的是，對誰（WHO）推薦什麼產品（WHAT）的搭配。

對看不見價值的人介紹商品，也只是浪費投資在廣告、公關和銷售通路上的成本。

從根本上來說，只要看不見WHO（對誰）和WHAT（產品）的關係，就沒辦法獲得新顧客。

因為如果不知道那些購買的人是誰、購買的原因是什麼，便無法思考銷售策略。

舉例來說，即使牛奶在某個時期迅速售罄，也有可能是其他廠商為了研發新產品而大量購買所導致，一般顧客其實沒有買多少。或者，可能是某間蛋糕店發現這種牛奶特別適合製作蛋糕，因而大量採購。

如果是這樣，WHO和WHAT就發生了變化，思考的方向不再僅限於一般顧客，還可以向糕點業界提案b2b的商業模式。

像這種情況，若能先妥善地驗證WHO和WHAT後再拓展事業，便能在發現市場偏差時即時調整方向。

重點是在無法明確掌握「WHO跟WHAT的組合」的情況下，HOW也沒辦法決定。因為如果不知道是誰在發現價值，就不知道該吸引誰、該針對誰進行促銷活動。在這種情況下，就算思考要用TikTok、YouTube，還是Instagram來宣傳商品或服務，也得不到答案吧？

即使特地學了行銷，如果在WHO和WHAT曖昧不明的狀態下就執行HOW，也得不到成果，最後還是只能在無限擴張的選項前抱頭覺得行銷好難。

假設產品是牛奶，所要思考的HOW即是「能讓那些非常想買牛奶的人購買的理由和銷售通路是什麼」。

牛奶的HOW會根據WHO而有所不同，或許適合傳統的牛奶配送；也可能是除了附近的超市以外，同時在超商供應更好。另一方面，應該設定多少價格才能讓這些人每天飲用？根據「個人飲用」或「家庭共享」的不同，容量又該如何調整？也就是說，需要思考哪種特色最能吸引需要牛奶的人的目光。

就像這樣，4P（HOW）會隨著WHO跟WHAT的組合產生很大的變化。

行銷的基本原則就是，剖析顧客是誰（WHO），並瞭解顧客在產品（WHAT）上發現了什麼樣的價值。

很常聽到有人說：「行銷是販賣商品的機制和流程」，其實那些都只不過是附帶品而已。「在社群媒體上建立販賣機制」、「用短影音讓產品爆紅」等，全部都只不過是ＨＯＷ。

因此，讓我們從思考「ＷＨＯ跟ＷＨＡＴ的組合」來投入行銷吧！

《價值可以用「利益」和「獨特性」來定義》

那麼，接下來讓我們思考看看顧客所發現的價值是什麼。

價值是在日常生活中經常使用的詞彙，但其實沒有被很明確地定義。

我會如此定義價值：

【價值是……】同時具有「利益」和「獨特性」的東西。

首先，**利益**是什麼呢？英文會用「benefit」或「merit」來表示。即是顧客利用這個東西，會得到便利、開心、美味等具體的好處、便利性或快樂。

無論是有形或無形，凡是能解決煩惱、改善狀況、提升效率或消除不愉快的事物，都可視為一種利益。總之，利益能帶來正面影響，並消除負面因素。

舉例來說，膝蓋沒有疼痛困擾的人，對於「能治好膝蓋痛」的按摩感受不到任何利益；但對膝蓋疼痛的人來說，這正是一種利益，因此即使需要特地花費時間和金錢，他們仍會願意去按摩。

簡單來說，利益就是選擇的理由、購買的理由。

另一方面，**獨特性即獨一無二，簡單來說就是不選擇、不購買其他選項、競爭對手或替代品的理由。**

當你到山上健行時，假設深山中的商店裡所販賣的礦泉水要200日圓，是不是會覺得有點貴？但是，如果你非常口渴，又找不到其他商店，該怎麼辦呢？我想應該還是會有不少人在覺得200日圓偏貴的同時，還是選擇花200日圓買下來吧。

在這種情況，「喝水解渴」是一種利益；「沒有其他地方有賣」則成為了一種獨特性。因此，當顧客發現礦泉水的利益和獨特性的時候，便會願意以200日圓的報酬取得。不過，這個價值並不是固定的。如果你不再口渴，利益便會減弱；如果出現了其他商品或替代品，獨特性也會減弱。

如果知道在距離這家商店100公尺的地方有一間超商，而且那邊有販賣120日圓的礦泉水，商店礦泉水的獨特性便會降低。雖然還是得步行到超商，但只要走100公尺就可以取得同樣的利益，選擇在商店花200日圓購買的人就會因此變少。

所以，商店可能會將礦泉水從200日圓降價成130日圓。如此一來，選擇不走路並以130日圓的價格購買，還是選擇走100公尺購買120日圓的礦泉水，就取決於那個人對於移動100公尺所需的勞力和時間，與10日圓的價差之間的權衡。

因此我們可以說，**價值就是與金錢、時間或思考各種事情所投入的勞力和腦力相交換的利益和獨特性。**

《人會在「利益」和「獨特性」上感受到價值》

在某些時候，利益本身就具有獨特性，像新冠肺炎病毒疫苗就是一個例子。在疫情爆發當初，有幾間不同的公司可以選擇，但莫德納公司和輝瑞公司的疫苗漸漸成為主要的選項。這即是因為這兩種ｍＲＮＡ疫苗的利益具壓倒性的優勢，比起其他兩種疫苗具備更強的獨特性。

除了有像這樣利益本身就帶有獨特性的例子以外，有時候也存在著與利益無關的獨特性。無論如何，人就是會在利益和獨特性的組合上感受到價值。

以前面提到的牛奶的例子來看的話，對那些對牛奶過敏的人來說，牛奶並不會帶來利益，所以沒有價值。即使推出的新產品具備「美味低脂牛奶」的特徵，也沒辦法讓對牛奶過敏的人感受到利益。

但是，如果向喜歡牛奶但正在減肥的人推薦「美味低脂牛奶」，就很有可能讓對方感受到利益。這是因為，如果新產品「明明又濃又好喝，竟然是低脂牛奶」，會讓那些認為低脂牛奶的味道很淡的人感受到強烈的獨特性。如此一來，此商品便很可能能夠以高價售出。

《當顧客切身感受到「利益」和「獨特性」時，就會看到價值》

透過這個例子就可以知道，在行銷當中，思考如何對特定的某人（WHO）提供具有利益和獨特性的產品（WHAT）是很重要的一件事。

為什麼呢？這是因為**商業原則在於，以WHAT（產品）提供利益（選擇理由）與獨特性（排他的理由），來爭取WHO（顧客）並創造收益。**

這會有成功的時候，也會有失敗的時候，而關鍵點就在於，在WHAT（產品）和WHO（顧客）之間價值是否有成立。
將這些關係整理一下後，可以這樣表示：

・價值是WHO（顧客）在WHAT（產品）上所發現的利益和獨特性。
・WHO（顧客）要切身感受到WHAT（產品）所提供的利益和獨特性，才會產生價值。反過來說，如果沒有切身感受到WHAT（產品）所提供的利益和獨特性，就不會產生價值。
・WHAT（產品）只不過是提供可能會成為價值的利益和獨特性而已，本身並不具備價值。

舉例來說，即使對不喝酒的人（ＷＨＯ）推薦「前所未有的美味順口」啤酒，他也無法切身感受到，因此根本上含酒精的啤酒對這個（ＷＨＯ）來說沒有任何價值，也就不會購買。

但是，如果向對方說：「有沒有考慮送『前所未有的美味順口』啤酒給朋友呢？」這時候即使是同樣的ＷＨＯ，也能夠在作為送給熱愛啤酒的朋友的禮物上發現價值。他會發現對喜歡啤酒的朋友來說，「前所未有的美味順口」具有利益和獨特性，從而產生價值，最後促使他為了送禮而購買。這就是價值的成立。

另一方面，如果能向這位不喝酒的人（ＷＨＯ）推薦無酒精的「前所未有的美味順口」啤酒，他可能就會發現它對自己來說具有利益和獨特性，價值便因此產生。

《價值不一定等於金錢上的評估》

人會在感受到利益和獨特性的東西上感受到價值，並付出報酬。不過，報酬不一定會是金錢。

許多人會為了入手人氣品牌的聯名款新鞋，從發售日前幾天就開始在店門口排隊；或是為了搶人氣歌手的演唱會門票，在網站上不斷點擊。

也就是說，人為了取得感受到利益和獨特性的產品，除了金錢以外，也會花費時間或體力。

讓我們來看看另一個例子。應該很多人都知道位於東京三田的「拉麵二郎」，這家店在年輕男性間有著超高人氣。

堆得像小山一樣高、味道濃郁的拉麵會大排長龍的原因正在於，許多人在它濃郁的味道和超大份量上感受到利益。除了這家店以外在其他地方幾乎很難看到的份量跟濃郁感是一種利益的同時，也是一種獨特性。

拉麵二郎的粉絲多是年輕男性，他們被稱為「二郎族」。那些人絕對不會去排家裡附近的拉麵店吧？因為就算在那邊的拉麵上感受得到利益（美味），也感受不到像拉麵二郎一樣強烈的獨特性（份量和濃郁感）。

不過，那些人在利益和獨特性兼備的拉麵二郎，即使排隊一小時也願意。明明打工一小時或許就可以獲得1000日圓的收入，但還是會選擇把那些時間拿來排隊。

在街上被「免費贈送○○」的招攬口號吸引而去排隊時，雖然沒有花費金錢，但也花費了時間和體力在排隊上。此外，也有必須花費長時間步行或移動才能到手的產品，像是隱藏在深山中的豆腐料理、必須在住宅區內步行30分鐘才能抵達的手打蕎麥麵店等。

我們在買新電腦之前，會猶豫不決地比較各型號的規格。這時候我們除了時間以外，也會耗費精神和腦力，即把思考其他事情、工作或遊玩的時間都用在猶豫上。

去參加偶像或藝人的握手會時，要額外花費時間和體力；讀推理小說時，除了時間以外，也會用到思考力。

也就是說，當有個產品讓人想得到、想吃、想用，或是想隨身攜帶時，我們除了金錢以外，也會願意花費時間、體力或腦力。

說到價值，很容易被單純認為是「金錢上的評估」，但那只是價值的其中一面而已。

對於有價值的商品、服務或體驗，除了金錢以外，人們也會使用時間、體力或腦力（運用大腦的能力，包含思考、精神、智力、心力、煩惱、記憶、心智佔有率等）來作為入手、交換的手段。

而這些東西幾乎都是有限的。時間當然是有限的；金錢除了少數人之外，對大多數人來說也是有限的；體力、智力等也不是無限的。

因此，即使必須以金錢、體力、腦力、時間等有限的資產來交換也想要入手的東西，就是價值。

請大家回想看看最近購買的商品或服務，以及耗費到時間或體力的東西。只要分析自己「為什麼買了這個」、「今天花費時間和體力在什麼東西上」，就可以很快地瞭解大家獲得的利益和獨特性。

我們日常生活中的購物行為，會在無意間與利益和獨特性產生連結。試著分析什麼東西對自己來說是利益和獨特性，並想想看「要不要繼續購買那個商品」、「如果要繼續買，理由又是什麼」，這樣便可以讓自己更深刻地理解利益和獨特性是什麼。

我們會對什麼感受到價值？

《是價值，還是商品？》

產品所具備的利益和獨特性對顧客來說越強，其價值也會越高。此外，根據強度的不同，產品被捲入削價競爭的程度以及顧客持續購買的可能性也會隨之改變。

一般來說，產品為顧客帶來的利益越多，越能夠提高他們持續使用、購買的機會；而如果產品帶來的利益低於顧客的期待，他們在使用過一次後就會覺得不需要，下次也就不會再買了。也就是說，只有當顧客覺得產品有用、實際感受到強烈的利益時，才會持續購買、使用。並且，如果該產品擁有其他競爭產品無法取代的特點，也就是對顧客而言具備強烈的獨特性，自然就不會陷入削價競爭。

若進一步呈現顧客與產品之間的關係，將獨特性的有無以縱軸進行分類，會顯示出影響非價格競爭力（即除了價格便宜以外的競爭力）；將利益的有無以橫軸進行分類，則會影響到顧客的持續使用與購買。

同時具備利益與獨特性的便是**價值**；具有利益但缺乏獨特性的是**商品**；沒有利益但擁有獨特性的是**噱頭**（僅是一種手法）；既沒有利益也沒有獨特性的是**資源耗損**。我們能由此得知，世界上的產品大致可分為四類：價值、商品、噱頭和資源耗損。

舉例來說，世界上有非常多種拉麵，假設有一款拉麵不僅像拉麵二郎一樣好吃，且熱量還只有一半，那麼它除了能帶來「美味」的利益以外，還具備強烈的獨特性，很可能因此創造出新的價值。如果有許多人都能感受到這項利益與獨特性，這款拉麵的銷售量就有機會實現中長期的增長。

不過，如果這款拉麵只是好吃，就會因為市面上還有其他好吃的拉麵，導致它的獨特性降低，最終陷入削價競爭。一旦獨特性降低，產品就能夠被其他商品取代，變成一種「商品」。「商品化」這個詞彙經常被用來表示「泛用化」，代表商品的價值被顧客認為和其他公司的商品幾乎沒有明顯差異。

此外，即使這款拉麵具備「熱量只有普通拉麵一半」的獨特性，但如果缺乏「美味」的利益，它就會淪為僅是引人注目但缺乏價值的「噱頭」。雖然會在短期內成為話題，但顧客無法從中感受到購買的利益，因此難以實現銷售量的持續增長。

最後，如果這款拉麵既不好吃，又毫無吸引力，那不管是利益還是獨特性，顧客都感受不到。這樣的拉麵最終只會淪為「資源耗損」，既浪費各種資源，又無法創造價值。

《難以入手的物品會產生「獨特性」》

高價的產品是否賣得出去，或者是否能讓顧客持續回購，這一切都取決於有多少人能夠發現其中的利益和獨特性。

二〇二二年五月畫家安迪・沃荷一幅描繪瑪麗蓮・夢露的肖像畫被以1億9500萬美金（當時約合250億日圓）拍出，在當時蔚為話題。

這代表，有許多人渴望得到沃荷畫的夢露肖像畫，那些無論如何都想入手的人，有的親自到場競標，有的雇用代理人。最終，在激烈競爭下，以約250億日圓成交。也就是說，在這幅夢露肖像畫上產生了非常高昂的價值。

一般來說，價值往往會隨稀缺性而左右。稀缺性本身也是一種獨特性，如果沃荷畫的夢露肖像畫有數百幅，它應該不會變得如此高價。

相反地，如果某樣東西很容易就能取得，那不管它具備多大的利益，價值也會降低。例如，如果沒有空氣，人類就無法存活，所以它本來應該具有非常巨大的利益。但是，在地球上幾乎所有地方都有充裕的空氣（現在），除了水中等地方外，我們為了取得空氣，沒有花費金錢或時間的必要。因此，空氣的價值趨近於零。

在這方面，水的情況則比較微妙。隨著環境污染、地球暖化等因素影響，適合飲用的水日益減少，因此過去趨近於零的價值，如今正逐步上升。

為了取得淨化的瓶裝水，除了金錢，還需要投入體力與時間，這顯示了水的值隨環境變遷而產生價值。若地球環境持續惡化，空氣的價值也可能如水般上升。

《價值會根據顧客的想法和狀況而有所變動》

從前面的例子可以知道，價值並非固定不變的。

讓我們再來看看另一個例子。二〇二一年三月Twitter（現X）的共同創辦人

傑克・多西的「世界第一則推文」的NFT

傑克・多西所發行的「世界第一則推文」的NFT（非同質化代幣）被以高價拍出，一時蔚為話題。

買家是虛擬貨幣創業家艾斯塔維，他以290萬美金（當時約合3億日圓）得標。

不過，當一年後艾斯塔維想在拍賣會賣出這個NFT時，不僅價格暴跌，甚至乏人問津。二〇二二年四月二十一日最高投標金額僅約3萬美金（約合391萬日圓），和購買時的價格相比，只剩下約1％。

這個令人印象深刻的故事，正象徵著

不論是WHO（顧客）的人數，還是價值，都會隨著時間點而有所變動。

虛擬貨幣中的比特幣也同樣地在一年間暴跌了一半，但比特幣本身並沒有任何改變。這不是供給量激增的影響，單純取決於在比特幣上感受到價值的人是增加還是減少而已。

我想大家透過這些例子就可以很清楚地知道，**價格會取決於，有多少人在對象物品上感受到價值、有多少人強烈地認為它有價值。**

《不是每個顧客都會在同樣的產品上感受到價值》

此外，也不要忘了，是否能在產品上感受到價值，會因顧客而異。

我在二〇一七年參與Smart News的專案時，把大型飲食連鎖店的優惠券在

APP中整合成一個「優惠券頻道」，這項企劃獲得大成功，讓Smart News的下載數量和新用戶數量激增。

如今整合餐廳優惠券的網站非常多，眾多公司都有提供這項服務。然而，在二〇一七年時，Smart News是唯一擁有這項功能的平台，因此許多顧客就在這上面感受到了價值。

不過，當中也是有人感受不到價值。那是什麼樣的人呢？就是沒有外食習慣的人。有些人想要每天在家吃手工料理，有些人自家與公司附近沒有餐廳，對他們來說，餐廳的優惠券自然就沒有價值。

也就是說，產品是否具有價值，會因顧客的不同而有所改變。

價值這種東西純粹只產生在產品與顧客之間，因此隨著顧客的不同，價值也會完全不一樣。所以，我想大家都明白了吧！如果不知道顧客是誰、不知道顧客在哪裡，甚至連有沒有顧客都不知道，就在策劃４Ｐ（產品、地點、價格、宣傳），是毫無意義的。正因為如此，首先最重要的就是思考「顧客（ＷＨＯ）是誰」。

明明是好商品，為什麼不暢銷？

《價值並非由企業所創造，而是由顧客去發現》

到目前為止，我們思考了什麼是價值。價值就是「顧客與他們發現利益跟獨特性的產品之間的關係」。

那麼，價值該如何創造呢？

在企業的廣告上常常會看到「我們正在創造價值」的標語，但就根本上來說價值是可以創造的東西嗎？

簡單來說，**價值並非由企業所創造，而是由顧客去發現**。

為什麼這麼說呢？因為不管是什麼樣的產品或服務，只要顧客本身沒有覺得「這對我來說是好東西（具有利益）」且「在其他地方無法取得（具有獨特性）」，就沒辦法成為價值。

因此，我們可以說，價值並不存在於產品本身，而是在顧客接觸商品或服務後，認同它具有價值時才會產生。也就是說，**必須要先有具體的顧客感受到價值，價值才會誕生**。

真要說的話，沃荷的畫也只是有能提供價值的可能性而已。即使畫作在二〇二二年五月被以250億日圓售出，只要世界上吹起「沃荷已經過時了」的風潮，也是有暴跌的可能性。

如果搞錯這一點，誤以為「價值是由企業這邊創造」，就很有可能把顧客推得越來越遠。請大家再回想一次我前面介紹過的WHO跟WHAT的組合。因為這是相當重要的部分，讓我再重複說一次。價值純粹是由顧客去發現的東西，企業要做的只不過是提供對顧客來說可能具備價值的利益和獨特性。

特別是從事行銷的人不能認為自己正在對顧客提供價值，而必須以**顧客會在哪裡發現價值**為起點來思考。這是不管在什麼業務上都不能忘記的重點。

最後，讓我在這邊總結一下「價值是什麼」。

> **【價值是……】顧客想要用自身擁有的有限資產（貨幣、時間、體力、腦力（運用大腦的能力））來交換取得利益和獨特性的欲求，也是顧客在產品上發現的東西。**

這是在從事行銷時最重要的一點。一旦理解這個概念，注意力就會集中在WHO跟WHAT的價值創造上，而不會貿然投入HOW，也就能避免迷失在行銷樹海之中。

《顧客看不到的話，產品等同於沒有價值》

那麼，要怎麼做才能讓顧客在自家的產品上發現價值呢？

首先，我們必須瞭解**那些正在購買並使用這款產品的顧客，究竟在其中發現了什麼利益和獨特性**，並進一步探討「發現價值的顧客是什麼樣的人？」、「他們為什麼發現了價值？」也就是說，我們要同時找出「顧客的特徵（WHO）與產品的利益和獨特性（WHAT）」。

在掌握這些資訊之後，便著手尋找同樣能感受到價值的潛在顧客，並向他們傳達產品的利益和獨特性。此外，為了避免顧客因其他品牌而改變心意，也必須持續強化產品的利益和獨特性。

向顧客傳達利益和獨特性，並持續提升產品的利益和獨特性；以一句話來囊括這件事的話，就是**創造價值**。

也就是說，**行銷可以說是，在顧客（WHO）以及產品（WHAT）之間創造價值。**

《如果連自己都不知道產品的價值，自然無法傳達》

這個世界上，有不少企業連自家產品可能具備的利益和獨特性都無法掌握。如果賣方未能意識到自家產品的利益和獨特性，自然也沒辦法讓潛在顧客發現其價值。

我經常會遇到前來諮詢的人問我：「我們家的商品明明那麼好，卻不知道為什麼賣不好。該怎麼賣才好呢？」商品賣不好的原因可能有以下兩點：

①沒有將能夠創造出價值的利益和獨特性充分傳達給需要它的顧客
②在自己自信傳達的利益和獨特性上，顧客無法發現價值

我們必須先瞭解「顧客是什麼樣的人？」和「顧客在什麼利益和獨特性上感受到價值？」，才能弄清楚商品能夠提供什麼樣的利益和獨特性。經常可以看到許多企業像①一樣，無法將產品的價值傳達給潛在顧客。

②則是另一種常見的情況。雖然企業相信自家產品具有利益和獨特性，但在顧客眼中，此產品的價值可能不夠突出，和其他公司的產品相比也沒有明顯的差別。

無論是哪家企業，都會對自家產品抱有特殊的情感，因此常會認為它與其他公司的產品之間有很大的差異。但是，一般顧客未必會理解這點。這就是為什麼公司的內部評價與顧客的評價之間經常存在差距。

總結來說，自家產品賣不好的原因，單純只是因為太少人能感受到產品的利益和獨特性所帶來的價值。

若想要避免無法向潛在顧客傳達價值、與其他公司的產品相比沒有利益和獨特性等問題，比起「怎麼賣才好（HOW）」，更應該專注於思考「對誰（WHO）提供什麼（WHAT）才能讓對方發現價值」。

洞察顧客所發現的利益和獨特性，並進一步發展兩者之間的關係，才是我們行動的起點。

《「在社群媒體上創造話題」不管用的理由》

為了利用行銷創造價值，我們必須洞察顧客的需求，並創造出顧客能發現利益和獨特性的產品或服務。接著，應該不斷提高價值，創造持續性的收益，並利用收益進行二次投資，進而創造出新的價值。

但是，有很多行銷負責人、經營者，只是一昧地追求讓銷售量和收益提升的方法論（HOW），而不願意去理解「誰是顧客（WHO）」。

在至今向我諮詢過經營問題的200多家企業中，真正願意站在顧客的立場，充分理解他們的價值觀與需求，並以此推動事業的公司少之又少。

相反地，許多公司會提出像「請做出像○○一樣有趣的廣告」、「希望你可以在社群媒體上創造話題」等要求。

如果能牢牢掌握住「顧客（WHO）」和「發現的價值（WHAT）」，要引導出HOW並不是件難事。但是，若一開始就從HOW起步，會導致我們看不到本來的目標客群。

即使試著在TikTok上創造話題，如果目標客群沒有在使用TikTok，那無法帶來任何效果也是理所當然的。

因此，讓我們先思考WHO和WHAT，再來決定與之相符的HOW吧！

《「產品點子」和「傳播點子」》

在研發、銷售產品時，我們會需要「產品點子」和「傳播點子」。

產品點子是指與商品或服務相關的點子，即思考產品本身具備什麼樣的利益和獨特性。

另一方面，**傳播點子是一種訴求的點子，目的在於向顧客傳達產品的利益和獨**

特性，並促使他們產生購物行為。為此思考如何進行電視廣告、公關、活動、促銷等，也就是HOW的一部分。

在這兩者當中，產品點子才是讓銷售量持續成長的關鍵要素。

為什麼呢？這是因為企業不管在電視廣告等地方投入多少資金，引起顧客對利益和獨特性的期待，如果購買的商品沒辦法帶來與之相當的滿足感，顧客下次就不會再購買了。

儘管如此，當公司內部進行腦力激盪或會議討論如何增加銷售量時，大家的話題總是很容易就會跑到「如何販賣（HOW）」的傳播點子上。

無論傳播點子再怎麼好，如果產品點子太脆弱，最終也只能製造短時間熱銷，難以讓銷售量實現中長期的成長。

因此，首先必須加強的是產品點子。也就是說，我們必須思考的內容是「這個產品的顧客是誰（WHO）」和「應該要向顧客提供什麼樣的利益和獨特性

（WHAT）」。

《企業常見的盲點——沒察覺到自身的價值》

那些位於商業前線的產品技術研發技師或工程師，在研發時經常會想像一個具體的顧客形象。此外，也會有創業家研發自己想要的東西來作為產品。

不過，一般來說，許多從事技術研發的人似乎會認為行銷是一個完全不一樣的世界。由於「行銷是思考銷售策略」、「行銷必須交給專家或廣告代理商負責」等想法的根深蒂固，他們會與行銷刻意保持距離。因此，研發部門往往不會將自己所創造的顧客形象共享到公司內部。

另一方面，注意力只放在HOW上面的行銷部門，則很容易忽視可能會在產品上發現價值的顧客。因此，本來應該向這些顧客傳達的利益和獨特性，卻被拿去向那些無法發現價值的人宣傳。

儘管公司的研發團隊瞭解誰會是顧客，但最終產品並沒有被送到真正想要的顧客那裡，隨即成了賣不出去的商品。

在思考傳播點子之前，以WHO跟WHAT的架構徹底思考產品點子，往往會找到讓銷售量成長的機會。

我至今參與了各式各樣的產品和事業，**還沒有遇過「現有的商品或服務已經無法再吸引新顧客」的情況。**

能夠把產品的成長量能發揮到100%的案例很稀少，大多都只是因為企業疏於思考WHO跟WHAT之間的關係，而忽略了產品的成長量能。

接下來這個案例，便是企業察覺到自己所提供的產品的價值而取得成功的例子。

日式料亭或日本料理店的料理常會用葉子來做裝飾，它被稱為「妻物」。山野間隨處可見的葉子一裝飾在餐桌上，便成了擺飾或器皿，既美觀又能刺激食慾、營造用餐氣氛。

位於德島縣上勝町的いろどり株式會社是開啟這項事業的先驅。這間公司在人口外流嚴重的村落裡，雇用平均年齡70歲以上的女性協助收集漂亮的葉子，並將葉子批發至日式料亭等餐廳。

開創這項事業的人便是發現了生長在山野中的葉子能提供利益和獨特性，然後找出能感受到這項價值的顧客（餐廳的經營者和顧客），並提供給他們。

據說葉子的事業現在已經成為這座小鎮的代表性產業。透過這個例子就可以明白，就算只是一片葉子，只要能在上面發現利益和獨特性，並連結到需要它的顧客，也能創造出新價值，成為優秀的事業。

《透過不斷提高價值，創造持續性的收益》

只要顧客能發現產品的利益和獨特性，它便能成為產品的價值。

不過，企業在提升產品的利益和獨特性的同時，也不能忽略**持續性**的觀點。

由於事業無法建立在短期的基礎上，企業必須不斷提高產品的價值才能創造持續性的收益。

舉例來說，拉麵店竭盡全力煮出豚骨拉麵讓顧客享用，如果味道不怎麼樣，顧客就不會再光顧；反之，如果口味出色，便能讓顧客持續回訪。

但是，這也不會持續到永遠。即使顧客剛開始覺得豚骨拉麵很好吃，也有可能漸漸吃膩。

這是因為人在累積經驗的過程中，剛開始覺得很棒的東西會慢慢變成理所當然，而價值也會逐漸產生變化。

因此，店家可能會在豚骨拉麵上添加一些變化，像是提供「熱量減半、濃度2倍」的豚骨拉麵，由於變得更好吃、更健康，價值也會有所提升。

不過，如果出現了競爭對手，豚骨拉麵的價值就又會相對地下降。例如，在附近出現一家店同樣販售熱量減半的豚骨拉麵，就可能會因為出現了比較對象，而導致顧客流失。如此一來，這款豚骨拉麵便會商品化，進入削價競爭的狀態。

在這種情況下，如果沒有進一步強化利益或追求獨特性，價值便又會下降。因此我們必須不斷努力讓產品維持價值。

唯有不斷提升利益和獨特性，才能讓顧客不停地回購，並持續提高收益。

《行銷的目的很簡單，就是不斷創造價值》

說到持續提升利益和獨特性並強化價值，日本雀巢為了拓展雀巢咖啡品牌所進

家用咖啡的非價格競爭力

即溶咖啡
一杯約10日圓

微研磨咖啡
一杯約15日圓

多趣酷思膠囊咖啡
一杯約50～80日圓

行的產品提案就是一個很好的範例。

雀巢原本只有販賣一杯約10日圓的即溶咖啡，但自二〇一三年開始販售「微研磨咖啡」，這除了大大地改良商品的特性外，一杯咖啡也成長為15日圓。

由於市面上還有許多其他即溶咖啡，無論再怎麼小心都很容易陷入商品區的削價競爭，因此雀巢藉由改變產品本身來做出差異化。最終，價格雖然升高，但並沒有導致產品的價值下降。

此外，雀巢還開始了「多趣酷思膠囊咖啡」系列。這種商品可以免費租借膠囊咖啡機，只需要購買密封著咖啡豆的膠囊就可以了；一杯咖啡約50～80日圓。

我也有在使用多趣酷思膠囊咖啡，可以簡單品嚐到現磨咖啡的味道，而且還能享受各種風味，在這上面我感受到了強烈的獨特性。

一面改變製作方式以改良味道和香氣並堅持正統的萃取方法，一面加強利益和獨特性並持續提升價值，這正是雀巢事業的最佳寫照。

從這個例子我們可以知道，如果顧客在產品上感受到強烈的利益和獨特性，產品的價值便會持續升高，讓顧客願意不斷花錢在上面。若是欠缺這些東西，產品最終只會淪為商品，除了會被捲入削價競爭外，也很容易被其他公司模仿、競逐。

藉由不斷提升利益和獨特性以留住顧客，就能讓收益日益成長。

因此，**行銷的目的就是，不斷創造並強化產品的價值**。從這個角度來看，最重要的是要持續思考並提供「對顧客來說明確又不能被簡單取代的利益和獨特性」和「自家公司所能提供的價值」。

第3章

在與顧客接觸時就可以瞭解價值

——該如何發現並創造價值

要理解顧客，應該從哪裡開始？

《一切都從理解一位具體的顧客開始》

在前一章，我們聚焦在「價值是什麼」上面。

為了提高產品的價值，我們必須牢牢掌握住這個組合：「顧客會是誰（WHO）」和「顧客發現的利益和獨特性是什麼（WHAT）」。

那麼，該怎麼做才能理解顧客呢？

方法有很多種，像是透過POS資料、會員卡資訊、購物明細、網站或

APP的使用資訊和E-mail開信率等「行為數據」，就能夠分析顧客的行為。

另外，透過顧客問卷之類的量化研究，能夠探討影響顧客行為的心理，即所謂的「心理數據」，如：購買產品的契機或品牌認知度等。

但是，光是進行這些數據分析是不夠的。為什麼呢？這是因為**很多顧客連自己都沒有察覺到隱藏在購物行為背後的心理狀態**。

除了很少有人可以清楚地理解自己做出那些行為的理由以外，顧客也經常會有無法明確表達的潛在需求。

因此，我最重視的是**理解一位具體的顧客**。我將此稱為「N1分析」。

「N1分析」即對一位顧客按時間軸追根究底地詢問「知道此商品的契機」、「那時候有什麼感覺」、「為什麼買了此商品」、「為什麼持續回購」等，藉此就能徹底理解隱藏在顧客購物行為背後的深層心理。

透過對一位具體的顧客（N1）進行訪談，或是觀察他在店面內的購物行為，來理解隱藏在顧客購物行為背後的深層心理，便能幫助我們不斷發現能讓事業成長的利益和獨特性的點子。

重要的不是平均值，也不是虛擬人格（虛構人物），而是徹底理解一位具體的顧客。進一步來說，就是不要朔造實際上並不存在的人物形象，如「30多歲、居住在世田谷區的女性……」等。

《對於「只理解一位顧客真的沒關係嗎？」的疑慮》

聽到「只聚焦在一位顧客上」，似乎很多人都會不安地覺得：「只看一位顧客的資訊不會導致結果產生偏差嗎？」、「對大眾進行商品的公關或廣告的投資報酬率不是比較高嗎？」等。不少企業就有這種想法，最終選擇針對不特定的多數消費者，用統一化的「大眾思維」來進行決策。

此外，也有很多人會覺得「就算理解了一位願意付錢的人，那不也只是那個人的想法而已嗎？」但是，實際上並不是這樣。

在某一個人願意付錢取得的價值上，同樣感受到價值的人可能會有幾千人、幾萬人、幾十萬人，甚至幾百萬人。

特別是如果產品能讓某一個人感受到強烈的價值，就會有大量的潛在顧客也同樣地對此產品產生反應。

我從事行銷相關工作三十多年以來，還沒有遇過從一個人的分析結果找出的利益和獨特性完全無法打動其他人的案例。

能讓一個人感受到價值的東西，一定會有很多人也同樣地被吸引。

舉例來說，我在Smart News的行銷計畫中決定打造優惠券頻道之前，曾經對一個人進行過訪談。在訪談過程中，聽到對方說「不知道哪間店在什麼時候會發放什麼樣的優惠券，所以常在不知不覺間有種吃虧的感覺」、「不得不一一確認店家的資訊」等，讓我有了「不如試著在Smart News中建立一個頻道來彙整優惠券」的想法。這就是可以瀏覽並取得各種企業的優惠券的「優惠券頻道」。

優惠券頻道帶來了很好的廣告效益，Smart News在二〇一九年一月時，達成全世界累計4000萬次的下載量、單月活躍用戶數突破1000萬人次，一舉成為日本最大的新聞APP。這些成功，都是因為有很多人對此感受到價值。

就像這個案例，只要能找到一個能感受到價值的人，雖然根據產品的利益和獨特性等規模會有所不同，但一定會出現一定數量同樣能發現價值的人。

先不管「WHO跟WHAT的組合」能成長到多大，WHO跟WHAT本來就不會只適用於一個人。

在平均值上看不清本質

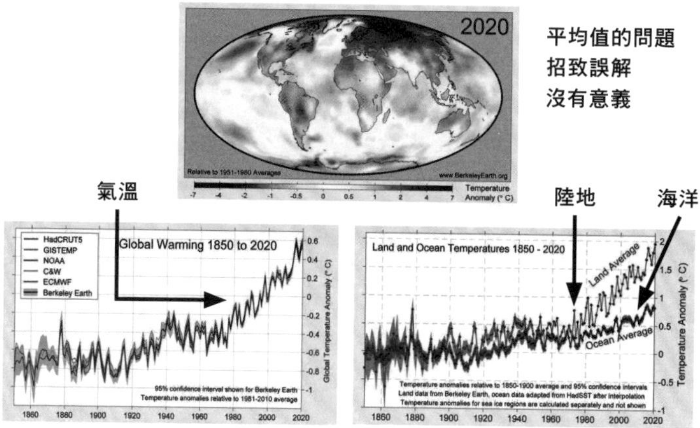

https://www.cbsnews.com/news/2020-warmest-year-tied/

《只顧著看平均值的話，會看不清本質》

針對群眾思考決策的「大眾思維」的壞處在於，它會讓你只看得見平均值，導致最大公約數的決策增加。

最大公約數的決策會有什麼缺點呢？讓我們以地球暖化為例子來思考看看吧！

觀察圖中左下方氣溫上升平均值的圖表，只能得知「地球暖化正在加劇」，因此沒辦法做出具體的行動。不過，如果像右下方的圖表把海洋和陸地拆開來看，可以得知比起海洋，陸地的溫度上升得更為劇烈。

雖然海水溫度升高會對漁獲量產生影響，但事態更加嚴重的是陸地。按區域觀察此狀況，會發現它剛好與負責供應世界糧食的穀倉地帶有所重疊，而這些區域的暖化才是真正具體的問題。因為若繼續這樣下去，便會在沙漠化的影響下，讓穀物和農作物的收穫量大幅減少。

也就是說，這張圖讓我們知道，當前最重要的其實是思考如何應對陸地穀倉地帶的氣溫上升危機，以及確保糧食的生產地。

從這個例子可以知道，只看平均值的話，我們會忽略事物的本質，也就無法找出解決問題的具體對策。

讓我們再以另一個題目來想想看。

Q

你邀請三個朋友來家裡作客吃飯，當你問朋友們喜歡吃什麼時，他們分別回答了咖哩飯、漢堡排和壽司。三人的喜好完全不一樣。

那麼，在以下三個選項中，你會怎麼選擇呢？

A：大家喜歡的東西都不一樣，所以就準備火鍋

B：三種東西各準備一些

C：總之，盡力做出美味的咖哩飯

要端出什麼料理才能讓朋友們開心呢？當然，這絕對沒有正確答案。

不過，我認為有最高的機率能成功的會是C。為什麼呢？

有人或許會覺得A的火鍋比較萬用，但原先沒有任何人想要吃火鍋，因此有很高的可能性沒有辦法滿足任何人。這個選項正是一種沒有正視任何人的大眾思維，雖然不會有人討厭，但同時也不會有人發現高價值。

B的「三種東西各準備一些」也不夠突出，大家很可能都只感覺到些許的價值，這也是一種大眾思維。

而如果選擇C，三人之中一定會有一個人發現高價值。而且，若能端出真的很好吃的咖哩飯，只要剩下的兩人不討厭咖哩飯，也很有可能覺得「雖然平常不太吃咖哩飯，但這真的很好吃」，感受到預期之外的價值。

也就是說，藉由進一步強化並提供某一個人所認同的價值，就會出現同樣感受到價值的人。

電視廣告等施以大規模投資的大眾行銷無法觸動每個人的心的原因正在於，它將本來具備各種喜好的顧客視為一個「大型集團」，並對他們實施統一的決策。

此外，在行銷知識當中，與4P齊名的STP（將市場細分，設定目標客群和定位）、3C分析（分析消費者：Customer、競爭對手：Competitor和自家公司：Company）、PEST分析（包含政治因素、經濟因素、社會因素、技術因素的宏觀分析）等，雖然也是一種思考的面向，但不管誰來做都只會得到相似的結論，因此不足以找出具有強度的利益和獨特性。

比起這些，徹底理解一位具體的顧客，專注在那位顧客所發現的利益和獨特性上並進一步強化它，才更有機會增加同樣能感受到利益和獨特性的人。

因此，讓我們先徹底弄清楚一個人所認同的價值吧！

如何在行銷中有效運用顧客分析結果？

《探索顧客行為背後的心理活動》

為了探討顧客購物行為背後的心理和驅動行為的隱藏心理（即顧客洞見），我們必須做的就是「N1分析」。我在前面也提過，我們可以透過進行訪談，或是觀察顧客在店家內的購物行為，來分析每一位顧客。

在這當中，面對面的對話或訪談，最能有效走入顧客的內心深處。從顧客的表情、說話方式、詞彙選擇等地方，可以發現細微的差異。接著，我們就能追問對方「剛剛說的話是什麼意思？」、「這是你真的想要的嗎？」，並藉此深入理解對方的想法。

透過這樣的「N1分析」，能幫助我們引導出此產品的利益和獨特性。如果有需要，也可以進一步進行量化研究，調查有多少人在此利益和獨特性上發現價值。

我在樂敦製藥經手男用沐浴乳「DeOu」時，也是藉由「N1分析」才得到寶貴的靈感。

由於公司打算推出新款男用沐浴乳產品，我特地到公共澡堂、高爾夫球場的浴室等地方觀察「男性都使用什麼清潔產品？」以及「他們是如何使用的？」，在我連續幾天前往公共澡堂之後，我發現雖然這樣的人不算多，但仍有一定比例的男性會使用肥皂搭配尼龍製毛巾用力搓洗身體。

接著，我向男性友人進行「N1分析」，得知他也是都用肥皂洗澡。他說：

「現在市面上的男用沐浴乳都像女用沐浴乳一樣滑膩，不太喜歡那種感覺，所以都用肥皂擦洗。」

在那之後的某個大熱天，我滿身大汗地進到電梯時，立刻察覺到電梯內的女性似乎在迴避異味。那一刻，我深刻體會到「想要消除自己體味」的感受。因此，我瞭解到男性的需求不是散發香味，而是消除異味。

最終，由「如同肥皂一般＋體香劑＝消除異味」的概念而誕生的正是「ＤｅＯｕ」。二〇一三年開始販售的「ＤｅＯｕ」，在包裝上強調著「徹底根除男性異味」，開賣半年後旋即成為男性沐浴乳市場的銷售冠軍。

《藉由發掘「利益」和「獨特性」來精進行銷技巧》

在「Ｎ１分析」中，也會對使用其他公司產品的「未顧客」進行訪談。

以洗髮精的類別為例，有些人洗頭髮時不是用洗髮精而是用肥皂，所以本來就沒有在使用該類別的產品；但更多的是正在使用其他公司產品的人。

因此，當我們與尚未購買自家公司產品的人進行訪談時，首要目標就會是思考：「要怎麼做才能讓對方從其他公司的產品跳槽到自家公司的產品？」

藉由理解競爭公司顧客的心理，我們能夠得到靈感，掌握應該提供什麼樣的利益和獨特性才能吸引顧客選擇自家產品。

即使現在在自家公司還無法實現，也能作為在研發新產品時可以參考的構想，例如：「應該致力於什麼機能和特徵上面？」、「具有什麼利益和獨特性的可能性？」

如果對20位自家產品的實際使用者進行訪談，能夠思考的可能性就至少有20個以上，因此**隨著訪談經驗的累積，儲存各種可以用來提案的利益和獨特性的資料庫也會不斷擴增**（對20人進行訪談時，也必須深入剖析每個人的心理）。

藉由擴增這個資料庫，我們發掘應該向顧客提案什麼價值的能力也會變得更加洗練。

此外，在推出新商品之前，也可以試著調查不同的領域，思考「此商品能提供的利益的競爭領域或替代領域是什麼？」

例如，在考慮優格產品的銷售時，「改善便祕」會是優格的一個利益；進一步思考後，會發現便祕藥是具有「改善便祕」的利益的競爭產品；接著，我們可以試著進行訪談，來理解使用便祕藥的人們在尋求什麼。

在受訪的人當中，有人之前雖然有服用便祕藥，但現在幾乎沒有在使用了。聽這些人說明之後，發現他們對便祕藥存有顧慮：「吃便祕藥會肚子痛，想用更自然的方式改善便祕」、「不想依賴藥物，希望可以從蔬菜等食品中攝取膳食纖維。」

如此一來，我們便可以建立一個假說：自家公司應該研發一款「富含大量的乳酸菌和膳食纖維、對腸胃溫和且有助於改善便祕的優格」。※必須注意的是食品不能直接標明效果。

在這邊最重要的是，**不能被一個類別限制住，必須以顧客所尋求的利益為起點來構想。**

以「改善便祕」的顧客利益來思考的話，會發現目標客群除了在優格的市場以外，同時也會在便祕藥的市場。

頻繁購買便祕藥的人、偶爾購買便祕藥的人，和不再購買的人各自都有某種理由。「為什麼這個顧客一直回購呢？」、「為什麼不買了呢？」只要深入探討這些行為的理由就能看見創造價值的新機會。

《與顧客接觸越多，假說的準確度也會越高》

我們也可以透過觀察顧客在店面內的購買行為，來調查顧客感受到的利益和獨特性。

一種名為「Shop-Along」的調查方法，會在取得許可後，跟隨在店內購物的顧客，並在一旁觀察顧客的行為；接著，詢問顧客在店內比較商品的重點、購買的理由、不買的理由等。

根據產品的不同，除了實體店面外，也可以選擇前往電商前線，或是商討b2b模式的會議等。**進行這種調查時，會觀察顧客在購物時注意哪些資訊、在意哪些地方、決定購買或不買的關鍵點等，並以「顧客對什麼東西感受到利益和獨特性」的問題為基礎，來建立假說。**

在此假說上，我們會思考「顧客在此產品的什麼地方發現利益和獨特性？」以及「顧客在尋求什麼樣的價值？」

即使特地進行了意見調查，如果遺漏這樣的觀點，最後很容易就結束在「這次的調查獲益良多」、「得知顧客很喜歡我們的產品」等簡單的感想上。

重要的並不是假說是否準確，而是**不斷思考有可能對顧客產生價值的利益和獨特性**。

「為什麼顧客拿起了此產品呢？」、「顧客注意著那邊的理由是什麼？」、「對那個人來說，什麼東西可能會成為利益和獨特性呢？」透過不斷想像並思考這些問題，儲備利益和獨特性的資料庫便會持續擴大。

那些不斷繳出成績的行銷專員會實際前往顧客進行購物的店面、商談會議等地方。這是因為，如果經常觀察顧客行動的現場並接觸顧客的行為和心理，「假說設定能力」也會有所提升。

此外，這些優秀的人在面對會議或協商的紙上談兵時，大多能提出懷疑。因為這些人經常觀察現場並接觸顧客，才能對顧客的假說有一套自己的理解。

從事商業的人，不論是誰都不能欠缺「假說設定能力」。即使不是行銷專員，也請大家試著前往相關領域的現場，親眼觀察顧客的行為並建立假說，不斷擴增資料庫吧！

即使分析了顧客，還是不知道產品的價值怎麼辦？

《只能慢慢理解、洞察每一位顧客》

我聽過這樣一個煩惱：「即使分析了一位顧客，我也沒辦法瞭解產品的利益和獨特性。」

如果無法透過「N1分析」瞭解利益和獨特性，有可能是因為訪談時對顧客理解得不夠深入，或是顧客本身沒辦法用言語傳達出自己的想法和需求。

即使如此，如同我在前面所說的一樣，對大概20個人進行個人訪談後，我們就會漸漸理解顧客想說的話了。

在訪談過程中，必須持續保持頭腦的運轉，不斷思考假說。也就是說，在與對方對話的同時，必須隨時想著：「或許這個人是因為這個理由才購買商品的吧？不對，還是這個理由呢？」

以前面提到的優格的新產品為例子，在「N1分析」的訪談中，持續服用便祕藥的人可能是覺得「為了攝取膳食纖維要吃大量的蔬菜很麻煩。」

假設是這樣的話，那個人真正的需求就會是「少量食用就能有效改善便祕」的東西。如此一來，富含膳食纖維的優格應該就會符合他所需的利益。

最重要的是，在對話的過程中，從顧客話中的細節來推測對方會在無意間想要的東西。

一聽到這些，總有人會說：「從N1分析引導出顧客洞見，對剛開始從事行銷的我來說太難了。」

即使是繳出成績的行銷專員，也並非一出生就是個優秀的行銷專員。不論是誰一直以來都是不停地理解顧客，並從大量的假說來持續思考「能讓顧客感受到價值的東西是什麼？」

在反覆失敗的過程中，會逐漸變得能夠發現顧客在尋求的東西。這是因為在不斷重複這些經驗的過程中，行銷的判斷力也會得到歷練。

我認為，優秀的行銷專員並不是只擅長運用數位行銷、具有良好的廣告品味、擅長數字分析；**那些人的共通點在於有能力洞察顧客本身沒察覺到的潛在需求**。換句話說，就是「有能力找出顧客沒辦法用言語表達的利益和獨特性」。

想要磨練這種能力，只能在發掘顧客所想要的東西之前，不斷動腦思考假說，不停與顧客進行對話、提案。

透過反覆進行訪談和假說，並在錯誤中不斷嘗試，將會讓你一點一滴地獲得洞察、理解顧客的能力。

《可以相信自己「感覺會暢銷」的直覺嗎？》

從顧客所尋求的東西出發創造商品或服務，被稱為**Customer In**（這是由一橋大學商學院楠木建教授所提倡的概念）。

與這個概念相反的就是**Product Out**，即創業家研發自己所想要的東西、製作自己想要提供的東西。

這兩個概念都是產品開發的起點，不論從哪一邊起步，最重要的還是必須找到對產品的利益和獨特性感受到價值的「一位具體的顧客（WHO）」。

在Product Out的案例中，雖然創業家或開發者本身就是最初的WHO，但重點還是產品必須具有某一個人明確尋求的利益，以及無法被簡單取代的獨特性。

由於Product Out是基於「製作自己想要的產品」的思維，企業往往會一心追隨「這款商品感覺會暢銷」的信念，而不顧一切地推進。

如果自己在這款產品上感受到利益和獨特性，覺得會暢銷也是很自然的事。然而，實際上賣不賣得好卻是另一回事。

因為，**是否會熱銷，取決於有多少人和自己抱持相同的感受。**

即使自己確信「這個商品會暢銷」，也不一定能代表全體顧客的看法；反過來說，即使感覺「這個商品可能賣得不好」，也不具有「代表性」。

到頭來不管是自己還是他人，**具體上是否有人對此產品感受到利益和獨特性而想要入手才是重點。**

因此，首先去找出對產品明確感受到利益和獨特性的人，並調查這些人在什麼地方上感受到價值吧！

《即便如此，當「自己就是顧客」，產品暢銷的可能性比較高》

雖然不論是Customer In還是Product Out，自己的感覺都不具有代表性，但當自己作為一名顧客時會想要購買的產品，仍會有比較高的成功機率。

這是因為我們會比較容易想像「與自己有同樣感受的是什麼樣的人」。當「自己就是顧客」，能讓我們比較好理解對潛在顧客來說什麼是利益和獨特性。

相反地，如果突然要你想像「自己完全不會想買但某A會想買的東西」，腦袋只會一片空白吧？

因此，我們才會需要藉由「N1分析」瞭解某A為什麼會想購買，並深入分析他覺得好的地方。在我們掌握了這些資訊後，就能去找出像某A一樣的人。

《行銷「自己不是顧客」的產品時，最重要的是什麼？》

世界上有許多產品自己完全不會想買，卻還是有人購買。

事實上我當然也行銷過自己不是顧客的產品，或許更多的反而是這類產品。

我在樂敦製藥時，公司有推出一款「AD軟膏」，它是針對身體搔癢的人研發的藥用乳液。但是，由於我本身並沒有這種困擾，也就不是此商品的顧客。

我曾向一位每年定期購買的顧客詢問：「為什麼會買這個商品呢？」然後聽到了這樣的回答：「洗完澡、進到被窩後，身體一溫暖起來就會發癢，常常因此睡不著。但只要塗了AD軟膏，我就能睡得很安穩。」我跟其他顧客說了這個故事後，也引起了很大的共鳴：「對對，真的是這樣。」最後，這讓我想到了一個傳播點子：「一進到被窩就全身發癢嗎？塗上AD軟膏就能讓你一覺到天亮！」

藉由這個傳播點子，除了能吸引新顧客購買AD軟膏外，也能得到既有顧客的認同，進而持續回購。

只要瞭解哪些人在什麼地方感受到利益和獨特性，接下來要做的就是讓這些人發現價值而已。

在從事各式產品的行銷時，有許多產品的目標客群不會是自己。尤其在B2B模式中幾乎都是這種情況。

正是在這樣的時候，我們更必須要找出感受到產品的利益和獨特性的人或客戶，並仔細聆聽對方說的話。

《從訪談和假說看見的「WHO」和「利益」》

在這邊我想舉一個企業諮詢B2B模式相關問題的案例，來向大家說明訪談和假說的重要性。

曾經有一家公寓大樓管路製造商來找我諮商。管路普遍為鐵製或銅製，帶有重量，因此會讓建築工程的作業效率變差；但這間公司研發了一款輕量且易加工的管路，以建築工程次承包商及次次承包商為主要銷售對象。

此管路的主要利益在於輕量且易使用，除了能降低工程負擔外，也能減輕現場工程負責人的負擔。不過，由於價格偏高，獲得的訂單比當初預期的還要少。

我在這上面注意到的是與建設公寓大樓相關的價值流動。在次承包商的發包商上面，還有作為業主的不動產開發商。然後，再更上游還有公寓大樓的買家（擁有者）。

我一面與諮商客戶的管路公司人員進行訪談，一面深入探究位於上游的業主和擁有者最在意的利益。最後，浮現出來的共通點是「讓公寓大樓在數十年後仍然維持高度的市場價值」。

接著，我設定了一個假說：讓公寓大樓維持價值的重點之一是「設備」。因為如果設備逐漸老化，價值便會下降。

此外，我也得知最容易損壞的就是管路。因此，我認為如果「提升管路耐久度」能成為位於價值流動最上游的公寓大樓買家的利益，就算有些昂貴，業主應該還是會選擇這款管路。

基於這個假說，我直接向業主進行管路的提案，而非次承包商。最後，得到了非常良好的回應，並成功獲得訂單。成功的關鍵在於，除了從「輕量、易用、工程負擔降低」的利益和獨特性發現的價值以外，還透過向上游的業主提案「耐久度」的利益和獨特性，讓對方發現了這上面的價值。

我在一開始接到管路公司的諮詢時，完全不熟悉建築業、營造業。但是，透過反覆聆聽客戶的說法，並深入理解利益的連鎖關係和價值的流動，才讓我得到這個傳播點子。

這邊的重點還是「顧客是誰」。只要不斷思考顧客的需求、接下來的發展，並找出顧客，不管身處任何業界都一定可以掌握「ＷＨＯ跟ＷＨＡＴ的組合」。

社群媒體的出現對行銷帶來了什麼改變？

《這是個全方位行銷不管用的時代》

現在網際網路已經滲透了整個社會，社群媒體的使用者一直在增加。與現代社會不同，在主流仍是透過電視、收音機、報紙、雜誌等四個大眾媒體進行大眾傳播的時代，在某種意義上促銷活動較為輕鬆。

只要大企業推出了新的商品或服務，就會在這四大媒體上被大肆討論。由於不論是大人還是小孩都會看電視，產品只要在電視上引起討論，隔天就會在公司或學校成為話題。除此之外，電視廣告也有很大的效果。

但是，隨著網際網路的加速發展，行銷所處的環境也產生了劇烈的變化。除了網際網路以外，智慧型手機和社群媒體的出現，讓人們可以選擇的媒體變得更多樣化。

以前只要推出新商品就能自然地廣泛流傳開來的相關資訊，現在變得難以擴散，因此也更難向潛在顧客介紹產品的資訊。

例如，以前就算採用草率的方法，如：「全面性地投資10億日圓於電視廣告進行宣傳」，仍然會因為觀看電視廣告的人有一定的數量在，而獲得營業額的成長。

然而，現在年輕人口逐漸減少，再加上智慧型手機和數位媒體的普及加速了顧客的細分化與多樣化，能夠提供價值的選項也顯著增加。

因此，現在如果不正確地制定作為宣傳目標的潛在客群，並仔細選擇容易讓那些人接收資訊的媒體與手法，就難以傳遞給他們。

而且，如果沒有實施幾十個、幾百個詳細的對策，也無法讓營業額有所成長。

就算在網路上爆紅，如果觀看數只有1、200萬，那根本沒辦法和二、三十年前的電視等大眾媒體的影響力相提並論。

關於這點我們只要看看音樂業界就可以明白了。

一九九〇年代CD動輒賣破100萬張，當時只要歌曲熱銷，不論是電視還是收音機都會大肆播放，因此所有人都會同時聽到那首歌。

現在則因為人們的興趣細分得更多樣，已經不是大家同時聽熱門歌曲的時代了。

從某種意義來說，如今這個時代已經不再具備能對大量人群同時傳遞相同資訊的機制了。因此，顧客不僅獲得取捨資訊的權利，所能選擇的選項也變得更加多元。

《「攻略○○世代」的策略可能會讓你看錯本質》

正是因為我們身處這樣的時代，在販賣東西的時候更必須要分析WHO（對誰）和WHAT（賣什麼）。

在選擇傳播手段時，許多人會採用「對Z世代應該用○○」、「針對這個世代可以○○」等歸類方式。但是，這麼做的話等同於把整個世代當成一個大型集團來看待，並只把注意力放在平均值上面，這會導致我們無法掌握本質。

「Z世代的話，果然還是用TikTok吧！」特別是如果像這樣直接從HOW切入，很可能讓我們看錯本質。

實際上在Z世代中，只使用TikTok的人佔少數，大家幾乎都是依照不同情境區分使用LINE、Instagram、Twitter（現X）、Snapchat等。

此外，常有人會說：「電視不適合攻略Z世代。」然而，這並不一定。觀察各年齡收看電視的比率，會發現在10～20歲的區間有約半數的人口有收看電視的習慣。※1確實在東京觀看電視的比例大量減少了，但在其他地區仍然有許多收視人口。※2

也就是說，這些人只觀察了東京某一部分的人，便以此代表整體，認為電視在其他地方也同樣沒有效果。他們只關注自己周遭的狀況，就認定「所有顧客都一樣」。

我們仍然必須逐一去理解每一位顧客，如果不從這裡開始，就無法真正掌握他們的行為和心理，最終可能導致行銷走向失敗。

※1　ＮＨＫ放送文化研究所「國民生活時間調查２０２０」https://www.nhk.or.jp/bunken/research/yoron/pdf/20210521_1.pdf

※2　總務省「平成28年社會生活基本調查」 https://www.stat.go.jp/data/shakai/2016/pdf/gaiyou2.pdf

《從顧客出發，選擇最適合的手法和工具》

隨著時代的變化，傳播媒體的效果也有所改變。

向某人宣傳商品或服務的方法（HOW）有很多種，從最古老的方法開始舉例，有寄信、製作招牌、刊登報紙廣告、飛船、播放電視和收音機廣告、寄送電子郵件等。到現在在社群媒體上也佈滿各種廣告。

這幾年YouTube和TikTok的廣告數量有所增加，在這之前的主流則是Instagram、Twitter（現X），或更早之前的Facebook。此外，以前在網路上，放上照片的平面廣告是主流，但由於影片製作變得簡單，現在已經是沒有影片就行不通的狀態了。

由於人類的行為模式和社會狀況時時刻刻都在改變，面向顧客的宣傳手法、觸及方法和宣傳內容也產生了變化。

我想說的是，**在我們思考「現在什麼工具最重要」的同時，有效的工具也不斷在改變。**

有許多年輕的行銷專員會拼命追趕各式工具，認為一定要「學會TikTok行銷」、「瞭解影片行銷的構造」、「學習跟YouTuber合作的know-how」等。

不過，**如果想要傳遞價值的目標客群（WHO）很明確，有效的傳播手段或工具會自然而然地定案下來，我們只要進而鑽研它們就好了。**

「既然YouTube可以讓我有效地向這個顧客傳遞價值，那就來學習YouTube行銷吧！」如果能像這樣以向具體的顧客傳遞價值為目標，就不會讓學習成為一種負擔。

在不鎖定顧客的情況下，如果為了宣傳不得不精通YouTube、TikTok、Facebook、LINE、Instagram、電視、報紙等所有手法的話……

根本上來說，傳播媒體只不過是為了向顧客傳達利益和獨特性所使用的一種行銷手法而已。如果搞錯它的定位，直接從手法和工具切入，就會因為事情多到做不完，而迷失在行銷樹海之中。

因此，無論時代、狀況或手法怎麼改變，最重要的始終是**以顧客為起點來構築一切。**

《即使上個月行得通，在這個月也不一定會成功》

如果社會狀況發生改變，不只是市場，就連顧客的心理狀態也會有所變化。

因此，前一個月行得通的做法，不一定也適用在這個月。

不要說上個月，有企業現在仍然繼續用著十年前的做法。這有什麼問題呢？顧客有很高的可能性現在已經不在同一個地方了。

因為企業並沒有察覺到隨著時代的變化，判斷價值的顧客的心理狀態、物價基準都已經改變了。

稍微回顧歷史就可以發現具有普世價值的東西並沒有很多。人類需要的東西不斷在改變，有價值隨著欲求被滿足而消失，也有價值隨之成為下一個需求。另外，能提供價值的選項也有所增加。這也表示競爭越來越激烈了。即使是劃時代的產品，相對價值也會降低，最終走向商品化。

人類生活隨著時代而改變的同時，價值會改變；環境發生變化時，價值也會改變。

由於顧客和產品之間的關係隨時都在改變，即使是現在能在兩者之間創造出價值的產品，也有可能一到明天它的價值就消失無蹤。

也就是說，只看著「現在順利進行的東西」是不夠的，如果不時常更新利益和獨特性，價值便可能會在不知不覺間降低。

隨著時代和社會的變化，人類行為會持續改變。例如，在新冠疫情期間，為了避免感染風險，人們會採取與以往不同的行為模式。

雖說如此，人類的「欲求」本身並沒有太大的變化。

不久前我從在出版社擔任業務的朋友得知，新冠疫情後在書店購買商業書籍的人有所減少。

不過，那些主要在購買商業書籍的商務人士並沒有減少，只是行為模式發生了改變，導致有人仍然每天通勤，也有人選擇居家辦公。

而且，也沒有明顯的原因可以解釋人們學習、瞭解商業的動力有所下降。

在這種狀況下，要怎麼做才能賣出更多商業書籍呢？不，根本上來說要怎樣才能滿足顧客「學習商業」的利益呢？

關鍵還是，**掌握顧客的行為模式和心理狀態**。也就是說，我們必須瞭解，在自家出版社出版的書上可能感受到利益和獨特性的顧客現在是如何過著每一天的。

《因為新冠疫情改變WHO跟WHAT的企業》

由於全世界的社會環境隨時都在發生改變，企業必須持續思考「我們要對誰販賣什麼利益」，否則沒辦法應對如此激烈的變化。

在新冠疫情期間，有企業重新掌握「對誰（WHO）提供什麼（WHAT）」，並做出改變，最後順利渡過難關；但也有企業沒有做到這件事，導致經營變得更加嚴峻。

舉例來說，「吃午餐時不想與人接觸、也不想等，不然就在家吃就好了。」針對想法如此改變的WHO，麥當勞和星巴克除了藉外送提供「WHAT」讓顧客可以不用來店外，也透過讓顧客在手機事先點餐加強外帶的模式，這就是一個很好的範例。相反地，如果執意要讓顧客來店，就並不是以顧客為起點的想法。

另外，我身邊有一個企業也徹底掌握了「對誰（WHO）提供什麼（WHAT）」的本質，因此良好地應對了新冠疫情帶來的改變。Asoview這家新創公司以B2C的模式經營觀光、休閒等娛樂票券的預約網站，並同時以B2B的模式提供票券預約系統。

新冠疫情期間，整體觀光業界都受到了政府要求避免不必要的外出的影響而大受打擊，其中Asoview也遇到了營業額減少95％的危機。此時，公司經營團隊開始思考自身能夠創造什麼價值。

由於新冠疫情，遊樂設施必須限制人數，但除了迪士尼樂園、日本環球影城等超大型企業，很多地方都還沒普及數位化，入園限制也因為員工人手不足而難以執行。與Asoview合作的遊樂設施業者也抱持著相同的煩惱。

因此，Asoview的經營團隊在與遊樂設施負責人對話後，以此為基礎開發了一款能夠按時間限制入場人數且能讓顧客指定日期的新型電子售票系統，並提供給遊樂設施業者。

結果，這個電子售票系統被導入全國各地有名的遊樂園、水族館等大量設施，至二〇二一年十一月為止已擴大至2500個設施，這讓Asoview的營業額得以V型反轉。

世界時時刻刻都在改變，只有一件事的重要性是不變的——在掌握顧客的心理和行為同時，持續思考「我們要對什麼樣的顧客提供什麼樣的利益和獨特性來獲得收益」。

第4章

從0到1，從1到10，從10到1000

——實現持續性的成長

如何找到第一位顧客？

《世界上所有產品都是從「小眾市場」起步的》

我向大家不斷強調，最重要的是面對一位具體的顧客並找出那個人感受到價值的利益和獨特性。

但是，光靠一個人當然無法獲得收益。我們必須讓在產品上感受到價值並願意付出報酬的人不斷增加，也就是擴大顧客規模。

本章將把生意劃分成三個階段：0到1、1到10、10到1000，並從構成顧客（WHO）和產品（WHAT）的關係與營業額的三大要素（顧客數量×單價

×頻率）出發，說明各階段中蘊含的機會與風險。

- **0→1的階段（新事業或新商品的建立、新創期）**
- **1→10的階段（大規模投資前的收益率確立期）**
- **10→1000的階段（大規模投資所創造的規模最大化期）**

在「0→1」的階段，這個時期的關鍵會是找到第一位顧客。

在「1→10」的初期成長階段，我們必須尋找顧客，並掌握顧客所發現的價值。接著，要進一步探討「還有哪些顧客也能感受到相同的價值？」、「他們會在哪裡？」、「大概有多少人？」，逐步拓展事業。

在「10→1000」的階段，我們會尋找能從產品中不同的利益和獨特性上發現價值的顧客，並進一步展開大規模投資，逐漸將事業擴展至超過1000。任何事業在擴大顧客規模時都能依循這樣的基本步驟。

《「0到1」的階段（新事業或新商品的建立、新創期）》

顧客在初次購買產品的同時會對產品進行「初次價值評估」。

只有當顧客意識到產品對自己來說具有重要的利益（選擇的理由）和獨特性（不選擇其他選項的理由）時，才能在上面發現價值。

接著，顧客為了取得此價值，就會願意付出金錢（或是時間、體力、腦力等）來換取這項產品。

「0到1」代表的就是從不特定的多數人中找到第一位顧客的狀態。

這位顧客往往會是創業家本身或是身邊的某個人。也就是說，創業家本身或身邊的某個人就是第一位在產品上強烈感受到利益和獨特性的顧客。

在這個階段，我們很難預測還會有多少顧客能在產品上發現相同的價值。反過來說，如果在這個階段就已經能預估顧客總數可能會增加到什麼程度，那很有可能是產品的獨特性太低，才會已經有可以作為參考的案例、先例存在。因此，無法預測顧客數量的狀態代表此產品極有可能擁有強烈的獨特性。

《從小眾市場起步並不斷提高價值的索尼》

大多數的產品點子在最初都會被覺得是只能打動少數人的小眾商品。

創立於戰後混亂期的索尼正是於事業初期不斷開發小眾市場的例子。

索尼是日本代表性的企業，它從小眾市場起步並不斷創造價值。讓我在這邊稍微介紹一下它的歷史吧！

一九四五年十月正值戰後混亂期，後來成為索尼其中一位創辦人的井深大等人創立了東京通信研究所。令人感到意外的是，他們最初經手的事業竟然是中古收音機的修理與改造。

當時家家戶戶都有收音機，但只能用來收聽AM廣播。索尼開創了將收音機改造成能收聽短波廣播的事業，這正好與渴望獲取戰後新聞的市民需求一致，因此大受歡迎。

接著，他們開始製造電鍋，但由於沒辦法順利將白米煮成飯，最終以失敗收場。在那之後，他們持續挑戰了真空管電壓計、電熱坐墊等各式各樣的產品。

然後，一九四六年井深先生與盛田昭夫先生創立了東京通信工業（即後來的索尼），著手開發當時在美國剛開始熱賣的磁帶錄音機。

經過一段時間的努力，他們成功開發出日本第一台磁帶錄音機。雖然又大又貴，但性能無可挑剔，他們認為只要顧客一聽到聲音必定會引起大量搶購。

結果，磁帶錄音機完全賣不出去。這是因為雖然兩人深信只要做出好的產品自然就會獲得訂單，但當初發表時沒有人認為「能夠錄音及播放」的功能具有價值。

不過，他們並沒有放棄，經過深思熟慮後想到能將它販售給法院。當時在法院負責記錄判決內容的書記官人手不足，因此對具有錄音功能的磁帶錄音機會有所需求。

接著，他們又找到一個需要磁帶錄音機的地方──學校。當時視聽教育才剛開始不久，特別是會說英文的老師極度缺乏，因此為了讓學生藉聽力學習發音而有了磁帶錄音機的需求。磁帶錄音機在全國各地的學校迅速普及。

當時因為看到磁帶錄音機在美國熱銷而試著製作後，雖然製造出具有強烈獨特性的產品，但不瞭解哪些顧客會對此感受到利益。接著，他們在尋找顧客的過程中，不僅找到了顧客，也在錄音、播放功能上發現了利益。至此，才終於真正建立起磁帶錄音機的WHO跟WHAT。

在那之後，隨著認為磁帶錄音機的功能很方便的顧客漸漸增加，事業也日益成長。

《Walkman最初的WHO也是開發者自己》

索尼在那之後也持續開發具有獨特性的產品。其中最具代表性的就是於一九七九年登場、在八〇年代席捲全世界的Walkman。

雖然現在Walkman已經被智慧型手機取代，但我想以Walkman的案例來說明「0↓1」的階段。Walkman的開發契機是來自盛田先生的突發奇想。

井深先生很喜歡聽音樂，特別希望能在搭飛機出差時聽到好音質的音樂。盛田先生聽到這個願望之後，想說「不如試著做出能隨身攜帶的磁帶錄音機」，並著手開發。

不過，據說當時索尼內部所有人都反對，認為「不具錄音功能的攜帶型播放器不可能賣得出去」，深信會暢銷的只有盛田先生。

實際上Walkman開賣一個月後只賣了3000台，但在那之後得到連盛田先生都驚訝的廣大迴響，不知不覺間就陸續在全世界賣出100萬、500萬、2000萬台。前所未有的大熱賣也讓索尼成為一間世界知名的公司。

把這個故事以WHO跟WHAT來分析：WHO就是盛田先生，他以井深先生的願望為契機，成為在產品上發現價值的第一位顧客；WHAT則是「隨時隨地都能聽音樂」的利益和「沒有其他選項」的獨特性。

在這之前，音樂只能在固定的地點聆聽；Walkman的出現，讓人們能夠隨時隨地享受音樂，而且是只屬於自己的音樂。

我很清楚地記得初代Walkman剛上市的情景。當時3萬日圓的價格對身為小學生的我來說可是天價，但我還是用辛苦存下來的零用錢和紅包買了下來，並反覆用它聽著歌。

Walkman就是一款典型的Product Out的產品，它的誕生來自於創業家本身想製作、感到必要的東西。

創業家或開發者製作自己想要做的東西時，經常會有人覺得「那不是不一定賣得出去嗎？」、「太過小眾，沒有市場吧？」然而，並不是這樣的。

如果那個東西是自己打從心底渴望的，或是能讓某個實際存在的人感覺到強烈的利益，就很有可能引起幾萬人、幾十萬人，甚至幾千萬人的共鳴。

Walkman正是這樣的產品，在創業家自己感受到的價值上，世界上有好幾千萬人也同樣感受到價值。隨著Walkman的出現，聽音樂的方式產生了很大的改變。這樣一個產品改變了全世界好幾千萬人享受音樂的方式。

世界上所有產品（WHAT）都誕生於一位顧客（WHO）、開始於小眾市場。

「0→1」就是找到第一位顧客（WHO）和能發現利益和獨特性的產品（WHAT）的狀態。

如何擴大顧客數量的規模？

《生意成立方程式：營業額＝顧客數量×單價×頻率》

在說明將事業從「1→10」擴大到「10→1000」的流程之前，讓我們先思考一下生意中最基本的要素──營業額。

「提高營業額」是企業存續的基本前提。那麼，要怎麼做才能提升營業額呢？

其實只要試著將它進行因式分解，就可以一目瞭然。

營業額＝顧客人數×顧客平均單價×顧客購買頻率

營業額可以藉由這個包含了「顧客人數」、「顧客購買金額」、「顧客購買次數」的乘法公式來表示。

如果企業能提供具有利益和獨特性的產品，並讓大家認識這項產品、進而感受到產品的價值，顧客人數自然會逐漸增加。

當顧客持續回購此產品，購買頻率也就隨之提高；而若能讓顧客在購買後感受到高價值，甚至在其他相關商品或服務上也感受到高價值而進一步購買，單價就會隨之上升。因此，即使顧客人數沒有改變，藉由提升單價和頻率就能讓營業額（＝顧客人數×單價×頻率）有所成長。

如果產品能讓顧客感受到價值，不僅會提升顧客的購買數量，也有可能促使顧客一併選購或加購其他相關產品。

相反地，如果顧客覺得可能有利益和獨特性而購買產品，結果在實際使用後卻感受不到價值，那麼他們不僅不會回購同樣的產品，也不會對相關的產品或服務產生興趣。

「提升營業額」的方法其實只有三個面向：增加顧客人數、提高現有顧客的單價，以及提升他們的購買頻率。

任何產品的營業額本質上都是建立在「顧客人數×單價×頻率」這個公式上。

許多企業為了打破產品營業額停滯的狀況，會嘗試推出新商品、不同版本的產品，或是展開新事業等，但這樣做很容易導致我們走錯方向，量產價值模糊的產品。

在不知道誰會購買那個商品之前，不管推出再多的商品或服務，都沒辦法順利推進事業。

如果產品的營業額停滯不前，可以思考的原因可能有幾個：產品沒有被介紹給可能會發現價值的潛在顧客、搞錯了目標客群，或是根本還沒明確定義出應該要將產品介紹給誰。

想要提升營業額，最關鍵的仍然是——明確定義出「誰是顧客」。

《「1到10」的階段（大規模投資前的收益率確立期）》

在理解了營業額的構造之後，接下來讓我們思考看看如何擴大「顧客數量的規模」。

為了讓更多人成為顧客，我們必須一面找出「WHO跟WHAT的組合」，一面擴大規模。

接下來是將事業朝「1到10」擴展的階段。

在「1到10」的階段，我們要尋找能像「0到1」的階段誕生的第一位顧客（WHO）一樣在產品（WHAT）上發現價值的顧客。接著，讓這些顧客認識產品的利益和獨特性，進而擴大與第一位顧客相同的「WHO跟WHAT的價值關係」。

在「0到1」的階段第一位顧客所發現的利益和獨特性上，一定還會有其他潛在顧客也同樣感受到價值。

我們需要把這樣的顧客找出來，並向這些人宣傳商品的利益和獨特性，讓對方覺得這個產品是自己需要的，進而產生購買意願。這就是這個階段需要做的事。

在這個階段最重要的是，**找出那些能和第一位顧客同樣感受到價值的人到底在**

哪裡。

一定會有多個顧客可能和第一位顧客一樣，在相同利益和獨特性上發現價值。雖然這些顧客有著各式各樣的工作、生活模式、居住環境、興趣、取得資訊的方法、所屬社群、產品入手途徑（即銷售通路）等，但一定不會完全不同。我們要在多樣性中找出共通點，讓這些人成為具有相同價值關係的新顧客。在這之中，也會出現購買單價和頻率較高的顧客。

「1到10」的階段還有另一個關鍵：在「0到1」的階段無法看到的多個「WHO跟WHAT的價值關係」會在此階段形成，並因此出現新的成長機會。

如果被侷限在「0到1」的階段的價值關係，將顧客以總數、平均購買頻率、平均購買單價來理解，並全部混為一談的話，會導致我們看不到這個多樣性，也就錯失成長機會。

在「1到10」的階段，首先必須做的是理解「（0到1）最初的顧客為什麼會在產品上感受到利益和獨特性」。

如果以索尼的磁帶錄音機為例子來說明，在此案例中法院就是WHO，而利益和獨特性便是它能夠正確地錄音，以解決紀錄判決內容的書記官人手不足的問題。

我們是否能深入理解「0到1」的第一位顧客，並具體定義出兩個假說：「相同的潛在顧客會是誰」和「顧客會發現價值的利益和獨特性是什麼」，將會直接影響實踐價值關係的手段和手法（HOW）的投資報酬率。

只要驗證已經實施的HOW如何影響假說中的「WHO跟WHAT的價值關係」，就能夠判斷出有效的HOW，並進一步評估哪些方法會更有效。

反過來說，當WHO跟WHAT的定義曖昧不明時，所採取的手段和手法（HOW）就如同買樂透一樣，難以複製成功的結果。即使順利進行，對看不見誰是顧客（WHO）、顧客為什麼會購買（WHAT的利益和獨特性）的手段和方法

（HOW）進行投資，也只會導致無謂的支出增加，無法持續提升收益率。

《「麥當勞早餐」的目標客群是誰？他們發現了什麼價值？》

讓我們以麥當勞早餐為例子來討論「1到10」的階段吧！

哪些人會利用早上十點半以前供應的麥當勞早餐呢？顯然會是那些上班、上課途中會經過麥當勞的上班族和學生。如果麥當勞不在早上通勤、上學的路徑上，很少人會特地去吃。

在麥當勞早餐上感受到價值的人會是那些「通勤、上學會經過麥當勞的人」，因此在附近沒有麥當勞的郊區投放麥當勞早餐的廣告，也不會有任何效果。

也就是說，**為了找到能感受到相同價值的人，最重要的是先理解現在感受到價**

值的人是在什麼地方與那個價值產生了連結。

顧客的生活圈、行為模式、價值觀、特質、興趣等等當中，與價值產生關聯的會是什麼？以麥當勞早餐的案例來說，便是生活圈、通勤圈、通學圈等。

此外，感受到價值而購買產品的顧客是住在哪裡？過著怎樣的生活？擁有什麼樣的價值觀？深入瞭解眼前的顧客，有助於我們發掘那些能讓事業規模向「1到10」擴展的潛在顧客。

一旦找出產品的利益和獨特性是與顧客的連結性之後，就可以鎖定那些生活圈相近、行為模式類似的人進行宣傳，讓他們認識產品。

舉例來說，如果想對通勤圈、通學圈內有麥當勞的人介紹麥當勞早餐，在捷運或公車上投放廣告會是相當有效的方式。

還有其他方法，例如在通勤、上學途中大家常用的社群媒體中投入廣告，或是在大家出門前會看的電視節目中播放廣告。

此外，在求職網站、商業新聞網站上刊登廣告也是不錯的選擇，甚至也可以嘗試在熱門手機遊戲中插入廣告。

當然，這些全部都是HOW。只要我們瞭解WHO跟WHAT，就能掌握哪些人可能成為顧客，從而自然能夠想出各種拓展客源的方法（HOW）。

《「1到10」的階段，最重要的是「價值再評估」》

幾乎世界上所有產品在「1→10」的階段都處於支出高於營業額的赤字狀態，但在這個時期，我們能夠從「0→1」的「WHO跟WHAT價值關係」洞察出大量的潛在顧客形象，並擴大顧客規模，藉此確立高於支出的營業額和能夠帶來收益的盈利能力。

在「1↓10」的階段，我們很容易過度關注顧客數量的增減，並讓情緒隨此起伏不定，但其實更重要的是顧客在實際使用產品後進行的**價值再評估**。這可能促使產品的單價和購買頻率上升，進而影響盈利能力。

無論是什麼事業，最大的難關通常都在於，顧客在初次使用產品後進行的價值再評估是否能讓顧客願意再次回購。

第二次到第三次、第三次到第四次的回購率通常會比第一次到第二次來得高，因此第一次到第二次的回購率最為關鍵。

以Netflix等月費制串流影片服務為例，在訂閱時我們只能知道一部分此服務提供的內容，等到實際開始使用後，才會評估此服務中與自己興趣相符的內容多不多。

如果認為與自己興趣相符的內容太少，便會解約；如果對很多內容都有興趣，便會續約。因此，在初次使用的時間點，能否準確地將符合用戶興趣的豐富內容傳達給對方就成了一個關鍵。

此外，即使不像第一次和第二次之間的高牆那麼難以跨越，「價值再評估」還是會無止盡地持續下去，並且會隨著競爭產品或替代品的出現受到很大的影響，因此我們必須持續提升顧客能發現產品價值的利益和獨特性。

即使是持續訂閱Netflix的用戶，如果Disney+投入能夠吸引這位顧客的內容，Netflix的相對價值便會下降，而這位顧客改用Disney+的可能性便會上升。

相信大家透過這個例子都可以理解，利益和獨特性並不是一成不變的，持續強化並改善它，進而不斷提高價值才是最重要的。

《「10到1000」的階段（大規模投資所創造的規模最大化期）》

接下來是「10到1000」的階段。

在這個階段，我們必須尋找那些在不同於最初的顧客所感受到價值之處發現價值的顧客，並進一步將事業擴展至這些人。

我們在「1→10」的階段，會把「0→1」的階段所建立的「WHO跟WHAT的價值關係」水平擴大，藉此增加顧客數量，並提高營業額。在這個時期，如果再次獲得顧客的高度評價，成功讓顧客持續回購，且也沒有流失太多顧客，便能開始評估未來的獲益能力。

「10到1000」的階段是規模最大化的時期。我們必須進一步擴大「1→10」的階段所確立的「WHO跟WHAT的價值關係」，同時藉由追求在「1→10」的階段中發現的新「WHO跟WHAT的價值關係」，尋找讓事業大規模成長的可能性。

在這個階段，我們會將「1→10」的階段所確立的「WHO跟WHAT的價值關係」進一步水平擴大。例如，將通路、業務擴展至尚未銷售、但同樣能實現該價值關係的區域；從實體零售拓展至電子商務，或反過來由電子商務拓展至實體零售；甚至是透過開拓海外通路來擴大顧客數量。

此外，還包括對產品本身進行改良和強化；提供能讓顧客發現高價值的相關服務或促銷活動，藉此讓顧客實際購買並使用產品；或是藉由推出可搭配購買的相關新產品，來提升顧客的購買頻率和購買單價。

這些手段和手法（HOW）的選項雖然有無數個，但只要瞭解顧客是誰、掌握顧客發現價值的利益和獨特性，也就是具體理解「WHO跟WHAT的價值關係」，就能夠選擇出適當且有效的HOW。

此外，在「10到1000」的階段，我們進行水平擴大的同時，藉由探索更多在「1→10」找到的第二、第三個WHO跟WHAT的可能性，能有助於實現中長期的持續性成長，並強化盈利能力。

然而，即使現在還有很多空間能進行水平擴大，這種情況也不會永遠持續下去，因此也不能忘記要同時創造多元的產品價值。

也就是說，我們必須在產品上增加能發現價值的WHO跟WHAT的組合，藉此擴大顧客規模，並持續提高營業額和盈利能力。

《即使是同樣的產品，顧客也會感受到各式各樣的價值》

舉例來說，在麥當勞的顧客當中，並不是所有人都只喜歡麥當勞早餐或漢堡。有些顧客喜歡薯條，有家庭客是被兒童餐吸引，還有一些顧客則是被奶昔或冰淇淋等甜點所打動。也就是說，這當中存在多個不同的ＷＨＯ跟ＷＨＡＴ的組合。

一說到星巴克，大家都會有一種既定印象，覺得那是個「可以放鬆的地方」。星巴克本身也以「第三空間（自家、職場以外能夠放鬆的地方）」作為品牌使命，因此在店內擺設沙發、播放舒適的音樂，這也讓很多人到店內休息。不過，事實上外帶客的比例也相當高，全球星巴克有超過八成的營收都來自於外帶。※出自「日経クロストレンド」二〇二〇年六月二十四日 營運長Roz Brewer的訪談 https://xtrend.nikkei.com/atcl/contents/18/00079/00061/

因此，星巴克在加強店內服務、打造讓內用客感到舒適的空間的同時，也思考著如何留住外帶客。

像是針對外帶客，星巴克開發系統讓顧客能夠事前透過手機ＡＰＰ點餐結帳並於店面取餐，這有效吸引了那些討厭等候餐點的人。

此外，在新冠疫情期間，由於人們的外食需求降低，星巴克也設立了專門提供APP預定自取服務的門市，以確保住營業額。

另外，星巴克也提供更完善的得來速和外送服務，來滿足那些不內用、但想喝星巴克咖啡的顧客的需求。

在星巴克的顧客當中存在著多個WHO跟WHAT的組合，有人是想在店內悠閒地休息，也有人只是想外帶咖啡；有人是想買送禮用的預付卡，也有人只是來購買咖啡豆。

不過，當我們問這些顧客「為什麼會來這家店呢？」、「為什麼持續回購此產品呢？」，答案的類型並不會超過顧客人數。

假設我們問了100個人，答案最多也不會超過100種。**抓住主要的利益和獨特性進行分組，再怎麼細分也是10～20種，而大概只要5～10種就可以確立大部分的營業**

額了。

也就是說，我們只要擴展這5～10種WHO跟WHAT的組合，就足以讓事業獲得成長。

讓我們更進一步地說，當顧客發現產品的價值，顧客從0人增加成1人、從1人增加成10人、從10人增加成1000人時，這1000人就會是規模成長的極限了嗎？當然沒有這回事。

一定還會有其他潛在顧客和現在這些顧客一樣能在產品上發現價值。他們很有可能只是因為不認識這個產品，而尚未選擇而已。

就我自己的經驗來說，我還沒遇過產品規模真的成長到極限的案例。就連世界上最有名的餐廳之一的麥當勞，也不可能已經讓全世界所有潛在顧客都吃過自家的餐點。

正因為如此，理解誰會是在產品上發現價值的顧客，才是一切的起點。

《「○○的顧客只有一種」是一個誤會》

在行銷專員當中有不少人會誤會這一點，以為「自家產品的定位是○○，所以顧客只會有一種。」

為什麼會以為產品只有一種利益和獨特性呢？這是因為這些人以平均值和大眾思維來理解顧客，並認為價值需由企業提供。

實際上當然不是這樣，顧客可能會在一個產品中感受到各種利益。

讓我們來看看一款名為紅牛的提神飲料的例子吧！

許多人會有一種既定印象，認為喝紅牛的人都是致力於工作的商務人士，然而實際情況並非如此。

特別是在歐美，有人會用紅牛混搭伏特加等高酒精濃度的酒，享受著同時攝取咖啡因和酒精的快感；也有人喝它是為了在熬夜玩樂時保持清醒；還有人單純把它作為一種碳酸飲料。

據說紅牛最早的販售契機與日本一款名為力保美達的保健飲料有關。

紅牛創辦人迪特里希・馬特希茨在泰國發現一種「類似力保美達的商品」，並取得製造販賣的權利。在歐洲開始販售時，他帶著紅牛到夜店等深夜娛樂場所宣傳，並向年輕人發放試飲品，最後成功引起一陣風潮。

當時日本市場中除了力保美達之外，還有Oronamin C和合利他命V等保健飲料，因此紅牛不具備強烈的獨特性。不過，當時歐洲並沒有提神飲料市場，紅牛廣受歡迎，如今已經在全世界超過172個國家販售，一年可以賣出98億罐以上。

此外，紅牛還主辦螺旋槳飛機的飛行競賽、參加F1賽車競賽、贊助

ＢＭＸ、滑板等極限運動的活動等，比起商務人士，他們更致力於融入年輕人的文化。

從紅牛的例子來看，日本那些保健飲料或許換個方法就拓展到全世界了。除了針對上班族強調增強體力、回復疲勞等功效外，如果將它包裝成「讓你在夜店嗨翻天的飲料」，或許早就風靡全球了。

雖然力保美達在日本市場創造了保健飲料這個新類別，並藉由同樣的產品定位和宣傳策略長期保持著第一名的市佔率，但如果他們以創造多元的ＷＨＯ跟ＷＨＡＴ的關係為出發點，將更多顧客形象納入考量，或許早就將銷售通路擴展至歐美市場了。這就是行銷的難處，但同時也是有趣的地方。

《「10到1000」的階段，關鍵在於最大化「WHO跟WHAT的組合」》

讓我們回到主題吧！在由10通往1000的路上，我們必須在產品上找到多個「WHO跟WHAT的價值關係」的組合，並擴大能在上面感受到價值的顧客的規模。

我在樂敦製藥時經手的「肌研」也利用此方法擴大顧客規模。

當時以製造商的角度來看，「肌研」是一種富含玻尿酸、由製藥公司精心打造的化妝水。

在我對實際顧客進行訪談調查時，有一位顧客特別稱讚它的黏稠感和低廉的價格，笑著說：「它黏得連手都能黏在臉頰上！」並做出那個動作。他還特別補充：

「黏稠感正是高保濕力的證明。」

這些話讓我獲得傳播點子的靈感，想到可以如此宣傳：「這瓶化妝水能讓你擁有『水嫩肌』，連手也會緊緊黏在臉頰上」。這讓「肌研」的年營業額從20億日圓成長到160億日圓，並成為日本最熱銷的化妝水，甚至還輸出亞洲各國。

此外，我在進行Smart News的行銷時，也採取擴大「WHO跟WHAT的價值關係」的組合的策略。

在我參與計劃的二〇一七年，Smart News雖然具有「能快速看到報紙、電視和雜誌等當季新聞」的利益，但在競爭對手的新聞APP的壓迫下，處於下載次數停滯不前的狀態。

在這樣的情況下「英文新聞頻道」成功地讓用戶數量有所增加，而這其實是我對太太進行「N1分析」後才想出來的點子。

太太利用英文版的Smart News讓女兒學習英文，她對此感受到的便利性讓我意識到這會是一個具有獨特性的點子。因此，這個契機讓我決定在日本版中導入可以讓用戶每天閱讀英語國際新聞的「世界新聞頻道」。

從「世界新聞頻道」開始，我陸續加入幾種不同「WHO跟WHAT的價值關係」的組合，而在這之中引起最大的反響的是前面提到的「優惠券頻道」。

在加入「餐廳優惠券」的利益之後，發現高價值的顧客瞬間暴增。

其他還有許多類似的案例。

例如，WORKMAN最早是以具良好實用性和機能性的低價作業服、防寒衣物成名的品牌。原本的主要客群是工地職人，但一些熱愛戶外運動的人也開始注意到WORKMAN的實用性和機能性。

在這之後，WORKMAN積極地在衣服上加入「平常也能穿的時尚元素」，並藉此讓喜好戶外運動、滑雪、雪板的一般客及女性客有所增加。

也就是說，WORKMAN在「職人專用的堅固作業服」以外，還發現了另一個「WHO跟WHAT的價值關係」，並就此把它擴大下去。

《HOW會隨著WHO改變》

我們必須向潛在顧客傳達各產品「WHO跟WHAT的價值關係」的組合上的利益和獨特性。

假設現在要考慮這兩個族群的顧客：包含多數職業婦女、平常沒有時間悠閒地看電視的客群，以及以大學生為中心的年輕客群。

職業婦女的客群和以大學生為中心的客群，不論是平常接觸的媒體還是生活習慣都不同，因此我們必須分別採取不同的媒體、方法和次數等手段（HOW）來傳達利益和獨特性。

根據執行決策的媒體和工具的不同，理所當然地耗費的成本也會改變；而經由營業額扣除成本來計算的淨利率和投資報酬率也會改變。

有決策具備高投資報酬率，也有決策只有低投資報酬率。由於不行每一項都照單全收，我們只能集中在高投資報酬率的決策上。

順帶一提，找到「WHO跟WHAT的價值關係」的組合之後，為了在投資前判斷它的顧客需求、最大拓展範圍等問題，我們可以在事前對潛在顧客群進行量化的概念測試，也可以在小範圍試售產品進行市場測試。除此之外，還有各式各樣的方法（本書沒有談論具體的手法和方法，但在拙作〈讓大眾小眾都買單的單一顧客分析法〉中有詳細介紹，在網路上搜尋也可以找到許多事前測試的手法）。

總結來說，**我們必須先思考「要向誰傳遞什麼利益和獨特性」（WHO跟WHAT的組合），再進一步尋找實現它的方法（HOW）。接著，從眾多**

「WHO跟WHAT的價值關係」的組合當中，挑選出投資報酬率最高的項目，並集中資源在上面。

這時候如果不小心從HOW切入，將會讓你迷失在行銷術海裡。即使覺得「現在很流行YouTube」就選擇用YouTube宣傳產品，如果職業婦女沒有在看YouTube，目光當然完全不會被吸引。

因此，讓我們還是先掌握住WHO跟WHAT，再來選擇有效的HOW吧！

《如何提高既有顧客的購買頻率？》

在前面我向大家介紹了藉由加強對於新顧客的認識來增加顧客數量的方法。

不過，提升營業額的方法並不是只有增加顧客，提高顧客的購買單價和購買頻率也同樣有助於提升營業額。

我們可以藉由改良產品或提升服務內容，來提高顧客的使用頻率及購買數量；也可以向顧客介紹他們可能發現價值的其他產品，創造出使用、購買的新機會。

以麥當勞為例的話，就是想辦法讓只吃麥當勞早餐的人，願意在午餐、晚餐時段消費。

麥當勞實際採取的策略是，從下午五點起推出「麥當勞晚餐」菜單，藉此提高顧客的購買頻率和單價，進而提升整體營業額。

而且，在晚上人們通常會有想要吃得飽一點的強烈需求，因此麥當勞還提供了只要加價100日圓就能讓漢堡肉加倍的服務，藉此提供肉量倍增的漢堡。

即使造訪麥當勞的顧客數量沒有變化，只要每個人的購買頻率和單價上升，在乘法計算下整體營業額也會上升。麥當勞正是一個使單價和頻率最大化的範例。

此外，即使有些顧客不會購買麥當勞早餐或午餐，但只要他們想嘗試看看麥當勞晚餐，顧客數量也會隨之增加。這就是為什麼我們要找出感受到不同價值的人，並提高這些人個別的單價和頻率。

藉由產品所具備的利益和獨特性的多元組合，能讓不同類型的顧客感受到價值，並吸引潛在顧客成為我們的新顧客。

按照「0→1」、「1→10」、「10→1000」的順序逐步擴大顧客規模，可以說是推動事業成長的基本流程。

第 5 章

行銷與品牌管理

——一時性、持續性、流失與品牌管理

如何讓顧客總是選擇你？

《產品將持續受到「價值評估」的檢視》

就如同我在前面提到的一樣，當顧客在產品上發現利益和獨特性，並從中感受到價值時，就會願意拿出金錢、體力等自己擁有的有限資源來交換這項產品。這個過程就是由顧客進行的**初次價值評估**，而初次購買的行為也是基於這個機制所產生的。

接著，顧客在使用、體驗或擁有此產品之後，會進行**價值再評估**。

如果顧客在實際使用後覺得產品非常棒、超乎期待，便會持續使用並再次購買，也就是所謂的**回購**。

相反地，如果顧客覺得產品沒有達到他們的期待，就會停止使用、購買，此購物也將止於一次性。這便是顧客認為產品沒有價值而離去的情況。

此外，還有一種情況是顧客在使用或購買產品之後，感受到的利益產生了變化。

「這罐啤酒原本是因為看到『口感濃郁』的宣傳標語才買的，但實際喝過之後，發現與其說是『濃郁』，不如說是『爽快順口』，意外地很好入口，而且很適合配飯。之後吃飯都喝這個吧！」——在這個案例中，顧客即在實際使用後，發現了與購買前的期待所不同的、全新的利益。

不過，這並不是壞事。因為產品出現了新的價值，仍然能促使顧客持續回購。

另外，對顧客來說，體驗過一次的價值會逐漸變得理所當然。在這種情況下，如果出現主打相同利益和獨特性的競爭商品，產品便會喪失獨特性，導致顧客轉向競爭商品。

不管如何，關鍵在於顧客在實際使用產品之後，對利益和獨特性的評價會隨之改變。因為，**即使產品獲得顧客的初步認可而促使他們購買，顧客仍會持續評估它的價值。**

也就是說，產品的價值區分成「持續性」和「一時性」。在這當中我們必須思考的是如何讓產品持續暢銷，否則無法讓事業穩定。如果只追求一時性，透過廣告或宣傳方法也有可能賣出商品力低下的商品。例如，就算是平凡無奇的飲料，只要請當紅藝人或偶像團體在電視廣告上表現出「這真的很好喝」的樣子，也能讓顧客覺得它具有價值，進而促使他們購買。

不過，雖然可以製造一時的熱銷，但如果顧客實際喝過後認為產品的利益很普通，也缺乏獨特性，就不會有下一次的購買了。即使能賣出一次，也很難對未來的營業額有所期待。

多數事業都是建立在顧客持續回購的基礎上。正因為如此，我們才必須時時思考**如何創造出能讓顧客持續回購的價值**。

《行銷在促使顧客回購中扮演什麼樣的角色？》

那麼，為了促使顧客持續回購，最重要的是什麼呢？

首先，我們需要將構成營業額的公式劃分為半年、一年等一段期間，並進行分解。

最先分解的會是顧客數量，因為當中混雜著各式各樣的顧客。

其中有些顧客在半年內持續購買產品；也有些顧客在半年內就流失；還有些顧客是在這半年內第一次購買。

因此，**一般來說，「顧客數量」是由「持續購買的既有顧客數量」減去「流失的既有顧客數量」，再加上「新顧客數量」之後的數字。**（請參照左邊的公式）

> **顧客數量＝持續購買的既有顧客數量－流失的既有顧客數量＋新顧客數量**

一般來說，使用中的用戶數量、讀者數量等都是混雜著各式各樣的顧客（回頭客、新顧客、流失的顧客）的狀態。

這邊必須注意的關鍵是，這些顧客所發現的價值各自不相同。

舉例來說，流失的顧客是因為無法在現有的產品上發現價值才離去的，因此即使對這些人介紹相同的利益和獨特性，可能也沒有任何作用。

如果在某項利益和獨特性上感受到價值的顧客之中有很多人離去，那我們必須重新審視這個利益和獨特性。

《最應該重視的是「會回購的顧客」》

我們無法確定「新顧客發現的利益和獨特性」和「回頭客發現的利益和獨特性」是否相同。

因為正如我前面所說的一樣，回頭客已經重新評估過價值，這些人很可能發現了與首次購買時不同的價值。

以餅乾為例，假設顧客原本是被主打著「超辣餅乾」的辣度吸引才購買的，即使實際吃過後並沒有覺得特別辣，顧客也有可能因為它具有讓人上癮的獨特口味，而持續回購。

如果顧客對這款餅乾都如此評價，那與其對既有顧客強調「超辣」，不如改以「明明超辣卻很好吃」來宣傳，更有可能促使顧客持續回購。

為了促使顧客持續回購，最重要的是深入瞭解**「高頻率回購的顧客是在產品上發現了什麼樣的利益和獨特性，又是什麼原因讓他們願意不斷購買、使用此產品」**。

接下來讓我們以洗髮精為例子來探討看看各種顧客吧！

假設有顧客每個月都固定購買這款洗髮精，那這位顧客就是所謂的「回頭客」；也有雖然不是每個月，但會時常購買的「一般顧客」；還有一些人在用過這款洗髮精之後，感受不太到利益，或是認為和自己的髮質不合，而成了「流失的顧客」；也有曾經流失、長時間沒再使用，但因為聽說最近很暢銷又重新嘗試，結果覺得很好用，進而重新開始使用的「回流顧客」；還有一群人則是雖然知道這款洗髮精，但從未購買過的「尚未購買的顧客」。

由於顧客的組成如此多樣，我們需要透過「N1分析」深入瞭解這些顧客分別佔有多少比例、分別在產品上感受到什麼樣的利益和獨特性。

在這當中，我們最應該重視的是**回頭客**，必須進一步強化這些人感受到的利益和獨特性。

為什麼呢？這是因為感受到利益和獨特性的這些人屬於「核心顧客」，他們支撐著這款洗髮精的營業額。一般來說，20％的核心顧客會貢獻整體營業額的80％。即使比例沒有這麼高，營業額也多半會集中在核心顧客身上。

增加回頭客將有助於我們提高營業額。因此，我們必須找出能達成目的的具體行動、能改變顧客行為的關鍵要素等。

不過，這些顧客也不一定會一直持續回購下去。顧客會與其他商品進行比較，並不斷重新評估價值，我們無法預測他們何時會流失、轉向其他的洗髮精。因此，我們必須採取策略，以提升一般顧客和回流顧客的單價與購買頻率。

具體來說，我們需要分析一般顧客與每月購買的顧客之間的差異，並思考如何縮小差距。

接著，瞭解那些回流顧客停止購買產品的原因以及回流的動機，並研究哪些流失的顧客比較容易回流。

也就是說，在流失的顧客當中會有「容易回流的人」和「難以回流的人」，我們必須瞭解這些人的差異。

另一方面，我們還需要詢問流失的顧客：「轉向了什麼產品？」、「選擇此競爭產品的理由是什麼？」，並同時思考「是否能向對方提供與之前不同的利益和獨特性？」、「為了讓對方重新選擇自家產品，需要注意哪些重點？」

當然，我們也不能忘記透過「WHO跟WHAT的價值關係」來持續增加新顧客。

《根本上行銷必須做的只有兩件事》

讓我稍微整理一下到目前為止的重點吧！

為了增加顧客數量，我們要先從不特定的整體市場尋找最初的顧客，讓潛在顧客成為購買產品的第一位顧客。

這時候我們必須確實掌握「這位最初的顧客在什麼利益和獨特性上感受到價值？」，並瞭解「這位顧客是什麼樣的人？」

接著，找出與最初的顧客不同的利益和獨特性，並尋找能感受到其中價值的顧客。

然後，尋找與這些顧客感受到的價值有所重疊的顧客，思考讓他們認識價值的方法，進而促使這些人購買、使用。這些流程都是「初次購買」的一部分。

在使用產品之後，顧客會進行「價值再評估」，思考「產品是否具有符合自己期待的利益和獨特性？」、「雖然沒有期待的利益和獨特性，但有沒有發現其他的利益和獨特性？」

如果能讓使用過產品的顧客再次感受到價值，便能促使他們「持續購買（回購）」。接著，我們要去理解這些回頭客發現的利益和獨特性，並提升他們的購買單價和頻率。

雖然理想是維持顧客持續回購，但難免會有流失，此時我們應該思考：「什麼樣的利益與獨特性，能讓這些顧客再次發現產品的價值？」

這就是行銷的工作。**在擴大新顧客數量的同時，讓顧客的流失最小化，並促使**

顧客持續回購。為了達成這個目的，提供利益和獨特性並創造出持續性的價值。說這些就是行銷的全部也不為過。

這樣想的話，大家應該就可以明白行銷其實是一件非常簡單的事了。

為什麼有人會覺得困難呢？是因為那些人沒有以顧客為中心來思考。在「對誰（WHO）」還曖昧不明的時候就從手段或手法切入，只會迷失在行銷樹海裡。

如果能瞭解每位顧客感受到的利益和獨特性，並把「什麼樣的人可能成為顧客」以及「該向這些人傳達什麼內容」作為主軸來行動，手段和手法自然而然就會浮現出來。

常常聽到的「品牌管理」到底是什麼

《品牌管理是一種避免顧客遺忘或流失的手段》

如同我在前面所提到的，如果顧客在產品上感受不到價值、產品對顧客來說沒有利益和獨特性，將會導致顧客的流失。

不過，也有一種情況是，顧客雖然在產品上感受到價值，卻不小心忘了它。

「之前在產品上感受到價值，但不知不覺就忘記了，現在也就沒繼續使用了」——這樣的顧客在各種事業中都佔有很大的比例。

在大型餐飲連鎖店，「顧客因為忘記而離去」的情況其實非常常見。「並不是不喜歡，甚至以前還經常光顧，但不知道為什麼最近都沒有再去了」——大家是不是都可以立刻想到幾家這樣的店呢？

這類顧客的流失，和感受不到產品的價值而離開的情況不同。雖然顧客再次認同了產品的價值，但不小心忘記了，最終才導致他們離去。由於只是忘記，所以一旦住家或公司附近出現新的店家，或是因為某個契機重新想起來，就有可能回流。

品牌管理正是一種用來預防顧客因為忘記產品而離去的手段。

儘管顧客曾經發現產品的價值，但如果沒有被牢牢地記住，就可能導致顧客沒有持續購買、使用。為了避免這種情況，品牌管理扮演了非常重要的角色。

品牌管理是一種手段，透過品牌名稱、顏色、形狀、設計、商標、聲音、詞語等形式，讓顧客能把在產品上發現價值的利益和獨特性留存在記憶，減少因為遺忘而離去的情況，同時喚起記憶促使他們持續回購。

也就是說，**透過有特色的品牌名稱或設計等，讓顧客記住曾發現價值的利益和獨特性，並在他們考慮購買時，讓產品成為第一個浮現在腦海裡的選項。**

假設我們要販售一款每天喝一包就能讓體脂肪降低0.1％的健康食品。一個月的份量30包，售價3000日圓。這種商品應該會很吸引人吧？不過，我們還要進行品牌管理，以增加它的記憶點。

假設把此產品命名為「體脂肪ＯＵＴ」，雖然是很直白的取名方式，但這種名字會讓大家比較好記。

接著，在廣告上使用腰部緊實、肌肉結實的男女擺出勝利姿勢的影像，再將這些人物畫成插圖放在包裝上，就能讓創造出一個記憶點，讓大家將勝利姿勢與「體脂肪ＯＵＴ」連結在一起。

透過品牌管理改變宣傳重點

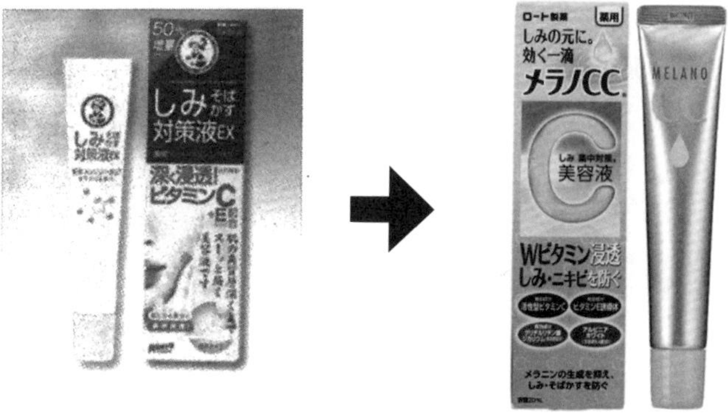

當此產品被很多人記住時，就不再需要複雜的說明，只要一句「每天一包，體脂肪OUT！」、「40歲開始喝，體脂肪OUT！」等標語就足夠了。此外，只要看到插圖，顧客也會立刻想起來：「啊，這就是那個說可以讓體脂肪降低0.1%的東西。」這就是產品成功進行品牌管理的狀態。

接下來讓我們看看實際的案例吧！我在樂敦製藥時曾經手一款抗皺紋的保養液「Melano CC」。

這款商品現在也非常暢銷，它受歡迎的程度導致最近甚至還出現了仿冒品。其實，「Melano CC」是以二〇〇〇年代推出的「抗皺紋、雀斑保養液ＥＸ」為基礎，將原本黑色基調的包裝設計大膽改版後重新上市的產品。

「抗皺紋、雀斑保養液ＥＸ」的主要成分為維他命，能帶來良好的抗皺效果。然而，由於市場上有許多類似包裝的商品，這間接壓迫了新顧客的增長，回頭客的數量也未達預期。

因此，在二〇〇九年，我更改了它的名字和包裝設計，推出新版本的產品。我將商品的關鍵成分——維他命Ｃ作為品牌管理的核心，在名稱中加入了兩個「Ｃ」，同時選擇黃色來設計包裝，讓人能感受到濃濃的維他命感，並在宣傳中特別強調「一滴即有效根除皺紋」。

如此一來，購買此產品的新顧客遠遠超越了「抗皺紋、雀斑保養液ＥＸ」，而且黃色的設計成功讓顧客記住品牌，不僅許多顧客指名購買此產品，回頭客也顯著地增加。

這個例子告訴我們，若商品具有強烈的利益和獨特性，只要以此為核心來進行品牌管理，便能達到很好的加乘作用。

當我們成功地進行品牌管理後，能讓產品容易被想起來，因此感受到價值、但忘記產品而離去的顧客會有所減少，持續回購的顧客會越來越多。

《品牌管理的用處在於為了讓顧客留下記憶》

讓我們再用其他例子來深入理解品牌管理吧！

假設某間和菓子老店有販賣非常好吃的最中。

但是，不管是那間店的店名、外觀，還是最中的外觀、包裝都非常普通，商品名字也只是單純的「最中」。看起來就是在街上的和菓子小店隨處可見的商品。

不過，這家店的最中口味非常突出，內餡堅持使用自然食材，香氣濃郁的外皮也相當講究。當地顧客都認同它的價值，覺得非常好吃，但只有當地人才知道。

這就是一個品牌管理失敗的例子。即使具有「好吃」的利益，沒有名字就難以讓人們認識，因此才沒辦法推廣出去。

這時候有一個人來向店家學習最中的製作方法。他覺得這麼好吃的最中如果不推廣到其他地區就太可惜了，因此打算利用品牌管理進一步拓展市場。

那麼該怎麼做呢？為了讓在地人以外的人也能認識此產品，果然還是需要一個名字。

因此，他將最中取名為「夢幻排隊最中」，並製作商標。

此外，他從「排隊」獲得靈感，在包裝畫上大批人群為了最中蜂擁而至的插畫，打造出極具特色的商品包裝。

那麼要如何把這款產品推廣到全國各地呢？最中非常適合用來送禮，僅靠地方小店販售是遠遠不夠的，因此他決定同步在網路商店上販售。

他實施了多個策略來進行品牌管理，如此一來除了讓品牌名、商標和包裝設計都變得既好記又具獨特性以外，也成功擴展銷售通路。

許多人實際吃過後都給予高評價，於是這款最中在全國各地掀起話題：「這個排隊最中超好吃的哦！」、「就是畫著排隊人潮插畫的那款吧？」

「夢幻排隊最中」這個名字也成為一種令人難忘的元素，深深烙印在許多人的記憶之中。

透過網路商店的銷售手法，最中的價值成功地擴散開來。這就是品牌管理的功效，它能讓默默無聞的商品打開知名度。

《正因為商品名被記住，才能展現獨特性》

在實際的市場上，樂敦製藥「肌研」系列的「極潤」即是透過品牌管理獲得成功的案例之一。

特地使用漢字作為化妝水、乳液的名字，是這款商品的一大特色。

漢字表記在現在還算是很常見，但當時的化妝品幾乎都是使用英文名字，並採用乾淨、簡單的包裝設計。

在這種環境下，出現「極潤」、「肌研」這些寫著大大漢字的商品，自然而然帶來了視覺衝擊。漢字的元素成功營造出與其他商品之間的鮮明差異。

而且，「極潤」的化妝水和乳液的特色是具有能讓肌膚變得黏稠的高保濕力。也就是說，對尋求保濕力的人來說，它具有強烈的利益和獨特性，而這項利益和獨特性正透過這兩個漢字如實地表現出來。

如果把這款商品取名為「Skin Labo」等英文名，就會變得和其他商品沒有明顯的區別，並且，由於難以傳達商品的利益，在店面想說嘗試看看而伸手購買的人可能會減少。

此外，即使顧客好不容易買了商品，也很有可能忘記化妝水的名字；如果在包裝上放上英文商標並採用如同一般化妝品的設計，也可能很難讓顧客在店面找到商品，導致他們選擇其他看到的商品。這是在我進到公司之前由樂敦製藥負責團隊所打造的產品及品牌管理的精彩案例。

人的大腦容量有限，在不斷出現新產品的情況下，沒有獨特性的產品、沒有特色的產品很快就會被遺忘。

另外，男前豆腐店的「男前豆腐」也是一個有名的例子。這家店藉由獨特的行銷手法來販賣難以差異化的商品，不僅是品牌名，連包裝也與一般豆腐完全不同，全面採用插畫設計，因此「男前豆腐」在剛上市時引起巨大的討論。

不過，店家對豆腐的品質和製作方法也相當講究，實際吃過的顧客都給予高評價，因此在那之後也很暢銷。也就是說，顧客在不像一般豆腐的外觀上感受到獨特性進而購買、食用後，發現它還具有「非常好吃」的利益，才因此口耳相傳。

豆腐本來就是很難只靠外觀就能傳達出好味道的食品。顧客光是看到擺在店裡白色、四方形的豆腐，很難想像它有多好吃，因此我們無法靠外表吸引顧客。

而且，就算顧客吃過一次之後，如果不記得名字，就很可能不會再購買相同的豆腐，也就難以讓顧客感受到獨特性。正因為如此，我們才需要藉由大膽且獨特的名字和包裝設計來進行品牌管理。

《缺少「利益」和「獨特性」的品牌管理是無法成功的》

在這邊必須注意的是，**這些商品並非單靠品牌管理就獲得成功，它們的共通點是本身就具備強烈的利益**。「MelanoCC」、「極潤」和「男前豆腐」都分別擁有巨大的利益。

任何產品都一樣，如果只具有獨特性，最終可能只會淪為一種「噱頭」。

或許剛開始有一些人並沒有因為「男前豆腐」的強烈獨特性而購買，是因為它具有「美味」的利益，才在口耳相傳下成為「雖然有點與眾不同，但實際上卻很好吃」的豆腐，而掀起話題。

也就是說，如果產品原本就沒有利益，不管怎麼加強獨特性，也沒辦法成功進行品牌管理。

讓我再重複說一次，品牌管理是一種手段，意義在於讓顧客將「發現價值的利益和獨特性」與「產品」之間的關係牢牢記住，並讓顧客能容易想起此產品，進而最大化顧客的持續回購。

也就是說，**品牌管理僅僅是強化持續性的一種手段。**顧客在產品的利益和獨特性上發現價值之後，再藉由品牌管理強化它的持續性，並不能直接透過品牌管理創造出產品的價值。

反過來說，只要顧客沒有在利益和獨特性上發現高價值，不管我們怎麼投資在品牌管理上，也沒辦法提升營業額和獲利。

當然，品牌管理是很重要沒有錯，但它的目的僅僅在於建立與其他商品之間的區別，藉此讓顧客想起產品的利益和獨特性。

關於「品牌管理」的語源有很多種說法。有一種說法是，它最早源自於為了不要讓牛等家畜和其他家的家畜混在一起，而在身上蓋上烙印的做法。

也就是說，「品牌管理」這個詞彙並不具有「區別」以外的含義。難道只要在牛身上蓋上烙印，它就會成為一頭特別的牛了嗎？當然沒有這回事。

「只要進行品牌管理就能讓商品暢銷」的想法就如同這個。明明烙印不會讓牛本身有什麼改變，卻還是拼命只做這件事。

《商標也和品牌管理有所關聯》

那麼製造時髦的商標、採用亮眼的設計並取個能引起注意的名字，就能讓商品暢銷了嗎？

實際上，在行銷的前線常常會聽到「改變商標吧！」、「改變設計吧！」、「順便把名字也改了吧！」等意見，但只做這些事是沒有意義的，並不會讓產品賣得比較好。

體驗過的品牌商標能讓人產生聯想

顧客識別商標時會將它連結至感受過的價值。如果顧客還沒透過產品體驗感受過價值，也不會認識商標。

舉例來說，讓我們看看上圖，這裡收集了許多商標圖案。大家看到這些知名品牌應該都會有一些反應，像是喜歡、討厭、想買、不想買等。

我只要看到可口可樂的商標就會自然而然地想到「清爽暢快」，並在腦海中浮現出氣泡滋滋作響的聲音。

另一方面，我們對於幾乎沒有使用過

南非的品牌商標

的企業商標，則很難浮現出具體的想像。

前一頁圖中的商標都是日本人相當熟悉的品牌，但當看到世界品牌商標時，很多讀者應該都沒辦法反應過來。

這是因為**我們並不知道那個產品的利益和獨特性**。因此，光是看商標沒辦法勾起購買慾望，也感覺不到任何意義。

舉例來說，上圖都是南非共和國的知名品牌。裡面包含電話公司、銀行、啤酒等飲料製造商、燃料公司等各種品牌，都是在南非為人熟知的商標。

不過，住在日本的我們看到這些商標

麥當勞的商標與新麥當勞的商標

也不會知道是什麼公司。

南非的人們看到這些商標一定會出現想喝啤酒之類的反應，但至少我是什麼也感受不到。

從設計的角度來看，這當中可能有漂亮的商標。但是，如果我們沒有體驗過產品的利益和獨特性、沒有評價過產品的價值，那光是看到產品的商標並不會有任何特別的感受。

此外，右上方是俄羅斯「新麥當勞」的商標圖案。

受到俄羅斯入侵烏克蘭的影響，麥當

勞退出俄羅斯市場；隨後，俄羅斯企業家收購麥當勞，並於二〇二二年六月創立名為「美味就是這樣」的新品牌。開店時薯條、漢堡都還是照常販售，但徹底翻新了店名、商標、店面設計等。

不過，對我們來說，它和看習慣的麥當勞的M標誌不一樣，因此看到這個新圖案也無法聯想到任何東西。

《品牌建立在「價值再評估」的體驗上》

顧客在實際使用對自己來說具有利益和獨特性的商品後，會對其進行「價值再評估」。在經過這一段過程後才會形成對品牌的印象。

然後，之後顧客在接觸到品牌名、商標、設計等品牌管理的要素時，便能喚醒以前體驗過的價值。

當產品能提供利益和獨特性且顧客也認同它們具有價值時，才會讓顧客想要取得產品。商標、品牌名、設計等品牌管理的要素，只是為了讓這件事鮮明地烙印在顧客的記憶當中。

因此，首先最重要的是要讓顧客感受到產品的價值。就算設計再怎麼時髦的商標，只有商標也沒辦法讓顧客聯想到利益，也就無法轉換成購買行為。

不過，有一些例外，像是奢侈品、名牌就屬於外觀、造型會直接成為一種利益的類別。出色的設計感、先進感和豪華感能讓奢侈品、名牌只要穿在身上、拿在手上就成為一種利益，這些品牌會被要求包含商標設計在內的創意和藝術性。但是，一般品牌只追求設計感、藝術性而沒有與利益做連結，是沒有任何意義的。

品牌管理本就只是由顧客滿足帶來的結果，無法用來製造顧客滿足感。而我認為行銷難懂的原因之一，就是品牌管理的定義曖昧，容易誤解。

《什麼是「品牌形象良好」？》

如果只是讓很多人知道某一款產品，也還不能說是有成功進行品牌管理。

只有當傳達出產品所具備的利益和獨特性時，才能讓在上面感受到價值且願意花錢取得產品的人們出現。

因此，**品牌形象良好的狀態就是，顧客一開始就能在品牌上感受到一定的價值。**

舉例來說，當聽到「豐田汽車的凌志新系列」的時候，光是「凌志」這個名字就會讓我們期待它會是台具有一定價值的汽車。

這並不只局限於高級品牌，一般品牌也是一樣。例如，當聽到「麥當勞將推出一款新的熱狗」的時候，雖然不同於常見的漢堡，但很多人還是會期待它具有某種程度的價值吧！

這是因為，麥當勞已經建立起一定的價值了，而這就是所謂「品牌形象良好」的狀態。

不過，並不是只要是知名企業的產品就一定可以暢銷。具有知名度的公司在宣傳新提案時，確實更容易引起顧客的關注，但若產品無法讓人聯想到具體的利益和獨特性，對顧客來說就不具備任何價值。

舉例來說，假設Apple要製造並販賣汽車。Apple公司做的汽車感覺不錯吧？或許會很暢銷。

那麼如果Apple要推出洗衣精，會怎麼樣呢？大家會對這款洗衣精毫無頭緒，並疑惑為什麼Apple要推出洗衣精吧！

如果是汽車，從iPhone的延長線上來思考，還能隱約感受到利益和獨特性；但洗衣精跟Apple公司的既有產品完全沒有關係，因此也無法想像出利益和獨特性，最終只會讓人摸不著頭緒而已。

也就是說，即使憑藉著自身的知名度在宣傳新提案時成功引起許多人的關注，但若產品無法讓人聯想到利益和獨特性，最終還是無法轉化為實際的購買行為。

相對來說，一般消費者幾乎不認識的中小企業就沒辦法從一開始就讓顧客具有某種品牌形象。也就是說，沒辦法讓顧客從公司的名氣來認識商品。

這種時候，**中小企業最重要的就不會是品牌管理，而是突顯出產品本身的利益和獨特性。**

反過來說，具有一定品牌形象的企業所推出的產品，就算不具備那麼明顯的利益和獨特性，也往往能賣得不錯。

相較之下，品牌不突出的中小企業難以一開始就讓顧客有所期待，甚至可能處於劣勢。唯有強化產品利益與獨特性，才能脫穎而出。

《品牌管理不能單純只是模仿成功品牌的結果》

品牌管理必須在我們向顧客傳達產品所具備的利益和獨特性之後才能進行，從某種意義上來說，它是一種「結果」的產物。

舉例來說，星巴克的「能夠放鬆的地方」的印象並不是從創業初期就有的，而是透過觀察顧客的反應，一點一滴營造出來的。

業界有一些專家指稱，像星巴克一樣在店內擺設沙發、創造舒適的空間，並讓店員友善地接待顧客，就能成功打造出第三空間，而這就是品牌行銷。但是，品牌行銷並不是這麼單純的東西。

我們只要看看星巴克成立的經過就能清楚地理解了。

星巴克原先的主要事業是烘焙、販售咖啡豆。之後，在霍華・舒茲的提議下，除了咖啡豆的販賣之外，也開始經營咖啡廳。舒茲去義大利洽公時，正好看到人們在咖啡館站著一邊喝濃縮咖啡一邊開心地聊天，而打算在星巴克也拓展這項事業。

因此，星巴克最初沒有沙發、只能站著，當然也就不是一間能夠放鬆的店。

接著，在之前以淺焙咖啡為主流的美國，星巴克的深焙、味道濃厚的咖啡開始廣受好評。但是，公司的立場還是想以咖啡豆的販賣作為主要事業，因此舒茲辭去了星巴克的職務，開始經營販賣義式濃縮咖啡的店。

仍然以站立、外帶為主的這家店受到年輕人的喜愛，舒茲開了一間又一間的店，接著，他收購星巴克的商標權，並以星巴克的品牌不斷拓展店鋪。

星巴克咖啡的特色是，在顧客點餐之後才開始磨豆，並以濃縮咖啡的方式萃取後提供給顧客。這麼做雖然能讓味道變好，但也會讓顧客等待時間變長。而且，只是花時間在等待的話，顧客難免會覺得無聊。

因此，星巴克想出了讓顧客能舒適地度過等待時間的方法。他們以打造「待在這個空間就能覺得很愜意的店鋪」為目標，著手進行多項改變——擴大店內空間、擺設沙發以營造出舒適的空間、設置露天座位、在外帶杯寫下顧客的名字以傳遞親切感、讓店員理解第三空間的概念等。

枯等的時間往往會讓人感到煩躁，但研磨咖啡豆的香味也能舒緩這樣的壓力。在執行了各式各樣的策略之後，星巴克的店鋪逐漸成為讓顧客能放鬆身心的場所，在這裡顧客能夠同時享受到美味的咖啡和舒適的空間。

這樣的體驗並非一開始就存在，而是星巴克在追求顧客價值的過程中，花時間一點一滴打造出來的成果。

另外，星巴克也以辦公商圈為中心拓展店鋪，為商務人士提供一個能夠舒適地放鬆的場所；同時，星巴克也與美國的巴諾書店、日本的蔦屋書店展開合作，進駐書店內，並在多數店鋪導入免費Wi-Fi，讓顧客能輕鬆連接網路使用電腦或手機。

星巴克是在不斷嘗試各種決策的過程中，徹底思考如何提升顧客所感受到的價值才走到今天的。

也就是說，星巴克之所以能夠成功，是因為它一邊觀察顧客的反應，一邊不斷思考**對顧客來說什麼東西可能成為價值？**

星巴克嘗試進行各種變化，不斷摸索能讓顧客願意花錢的價值，並努力地持續提高價值，以建立持續性的收益。

未來星巴克勢必會繼續進化。但如果不理解星巴克在創造價值過程中的轉變，只是單純模仿那些已經是結果的品牌管理手法，是無法複製其成功的。

也就是說，每一家企業都必須思考的是：「我們能提供什麼利益和獨特性？」、「如何將它傳達給能對此感受到價值的顧客？」否則，品牌管理就難以成功。

給不懂行銷的人，

讓你學會活用行銷的羅盤和地圖

讓我在這裡整理一下本書中的建議吧！這些是讓你不會迷失在行銷樹海的羅盤和地圖。

☑讓你不會迷失在樹海裡的羅盤就是「WHO跟WHAT的價值關係的組合」，也就是決定要對什麼樣的顧客提供什麼樣的利益和獨特性來創造價值。

在我們迷失於遍佈世界的各種行銷手法和手段（HOW）之前，只要定義好產品中最重要的WHO跟WHAT，它就會成為帶領我們穿越樹海的羅盤。如果沒有它，不管學習多新的HOW都還是會迷失在樹海裡。

如果你的目的是藉由產品在世界上創造巨大的價值，那羅盤本身就會是一種必要的戰略，可以說「顧客戰略」＝「WHO跟WHAT」。

☑接著，我要交給你的是一張簡易地圖，它能幫助你運用羅盤來實踐各種HOW。這張最低限度的策略地圖就足以讓你確認「產品的機會在哪裡？」、「當前課題是什麼？」、「應該採取什麼行動？」、「打算著手進行的HOW（手法和手段）對哪些顧客會產生什麼樣的意義？」

策略地圖的解說

①一切的起點都在於成為羅盤的「WHO跟WHAT」——也就是你想要傳播什麼樣的價值？如果是既有的商品，就必須思考：「顧客發現價值的利益和獨特性是什麼？」、「這些顧客有什麼特徵？」；如果是全新的商品，一切將從你的期待和假說出發。雖然剛開始只會有一組「WHO跟WHAT」，但這樣的組合一定會越來越多。這裡就假設有三種WHO跟WHAT吧！

②我們在定義「WHO跟WHAT（顧客戰略）」之後，會思考「和這位WHO具有同樣特徵與需求的潛在顧客在哪裡？」、「在哪裡能與這些人接觸？」，靈活運用各種接觸方法和傳播媒體，並使用各種宣傳方法和創意表現向顧客傳達能發現價值的WHAT（利益和獨特性），讓顧客親身體驗產品。也就是靈活運用HOW來逐步實現「WHO跟WHAT」。

③接著，我們便能實現顧客的初次購買——WHO跟WHAT。這時候從②到③的HOW的成本效益就會變得很重要，我們必須有效率地找出潛在顧客的位置，主動與他們接觸，並以具吸引力的方式傳達WHAT，讓對方成為我們的顧客。如果是B2B的情況，在②跟③的階段會多出開發潛在客戶、培養潛在客戶、商談會議等流程，但「WHO跟WHAT」的關係不會改變。

④在「顧客戰略（WHO跟WHAT）」的確立下，顧客完成初次購買之後會重新評估產品的價值。顧客在實際取得並體驗產品之後，會判斷它是否具備符合期待的利益和獨特性、是否在預期之外的利益和獨特性上發現了價值，同時也會與先前沒有留意的競爭產品或替代品進行比較。在顧客實際使用過產品的階段，也試著考慮意外發現的利益和獨特性是否有成為新的「WHO跟WHAT（顧客戰略）」的可能性吧！說不定會發現比現在的「WHO跟WHAT（顧客戰略）」更巨大的潛力。

a 顧客重新評估後，如果認為價值符合期待，或是發現預料之外的價值，就會持續購買。而且，如果顧客對價值的評價很高，就會更大量、更高頻率地購買，單價和頻率也會隨之提升。除此之外，顧客也可能會加購其他相關產品，進一步提高單價。這些顧客就是所謂的「忠實顧客」。

b 不過，遺憾的是，當產品在顧客的再評估中未能獲得肯定，顧客就會轉向競爭產品或替代品，進而造成顧客的流失。有些顧客甚至可能直接離開這個產品類別。此外，即使是購買單價和頻率已經提高的忠實顧客，也有可能流失。換句話說，就算顧客曾經認同產品的價值，但價值再評估仍會無止盡地持續下去。

c 這時候我們也必須注意不同類型的流失。有些顧客其實再次認同產品的價值，只是忘記了產品，導致他們雖然有購買意願，但還是在無意間流失了。也就是說，不管顧客在產品的利益和獨特性上發現多大的價值，如果沒有讓產品被牢牢記住，還是可能失去顧客。無論是哪種產品類別，因為遺忘而造成的流失都一定會發生。

⑤ 我們不能忽視在④階段流失的顧客，必須找出能讓他們重新發現價值的新利益和新獨特性，透過創造新的「ＷＨＯ跟ＷＨＡＴ」來讓流失的顧客回流。為了提供那樣的利益和獨特性，可以對產品進行改良、強化，甚至重新開發。相較於①的「ＷＨＯ跟ＷＨＡＴ」，在創造新的「ＷＨＯ跟ＷＨＡＴ」時，必須考量潛在顧客的數量、投資報酬率的高低等因素，同時不斷摸索整體策略地圖中最值得優先推動的「ＷＨＯ跟ＷＨＡＴ」，以及實現它所需的ＨＯＷ。

⑥ 然後，接下來要做的是藉由品牌管理強化在①到⑤實現的價值。品牌管理的目的不是用來構築新的利益和獨特性，而是讓顧客牢牢記住「產品」與「顧客認同具有價值的利益和獨特性」之間的關聯性。藉此提升顧客想起產品的可能性，促使他們持續回購，並預防因遺忘而導致的顧客流失。也

就是說，以品牌名、商標、顏色、形狀、詞語等象徵性的記號，讓價值深深烙印在顧客的心中。

只要剪去無止境擴張的行銷樹海中那雜亂的枝葉，就能將它濃縮進這張「策略地圖」裡。

無止境增加的行銷手段和手法（HOW），一定會與這張「策略地圖」中的WHO（顧客）和WHAT（利益和獨特性）的實現、以及從①到⑥之間的某個地方有所連結。如果找不到它在哪裡，就果斷放棄這個HOW吧！因為每一個HOW一定都有目的，而那個目的勢必會與特定的WHO跟WHAT有所關聯。只要手中握有這張地圖，清楚掌握自己的位置，就能自信地穿越樹海，遨遊於商業世界。

我們要做的事情其實很單純——定義出能創造價值的「WHO跟

WHAT的價值關係的組合」，將它作為出發點，接著參照這張地圖驗證各種實踐價值的HOW的效果和效率，最後將WHO、WHAT和HOW納入PDCA循環中，不斷地運作就可以了。

☑我想大家都已經理解，能讓我在第一章介紹的「行銷流程」發揮作用的關鍵是什麼了。那就是這兩個軸心：「價值＝WHO（顧客）跟WHAT（利益和獨特性）的組合」以及「營業額＝WHO（顧客）的人數×購買頻率×購買單價」。請大家依照這樣的「策略地圖」來運作行銷流程、實踐行銷，並創造出全新的價值吧！

第 6 章

透過行銷持續提高價值

——企業和個人都會藉由創造價值而持續成長

如何持續創造價值？

《企業要想存活下去，必須創造持續性的價值》

企業生存下來的關鍵是「創造持續性的價值」。

企業必須不停地提升收益，而為了提升持續性的收益，必須讓顧客持續在產品上發現高價值。因此，企業創造的價值必須是持續性的，而非一時性的。

即使是去年暢銷的商品，將它主打的特色和宣傳方法一成不變地繼續用在今年會帶來風險。為什麼呢？這是因為去年暢銷的商品所具有的價值對顧客來說或許已經變成理所當然的事了，也會出現競爭商品或替代商品。也就是說，它的相對價值會有所下降。

這樣下去會導致營業額減少，因此我們必須有意識地持續創造新價值，像是改良商品、追加新功能、提供不同的服務或產品等，藉此維持商品的價值。

我在前面提到的索尼就是一個持續創造價值的好例子。索尼自成立以來，著手研發、販售了各式各樣的產品，包含了二手收音機的修理、電鍋、真空管電壓計、磁帶錄音機、Walkman、遊戲機、影音設備等。

那麼現在能帶來最多收益的是什麼呢？答案是電影和音樂。根據二〇二二年五月的財務報表，電影、音樂領域的營收大幅成長，創下史上最高的營業額及營業利益。

雖然索尼在創業初期以修理二手收音機取得成功，但在那之後收音機修理業者大量出現，低價的新型收音機也不斷上市，導致索尼藉由修理收音機創造出的價值逐漸降低。

因此，如果索尼一直執著於收音機的修理，就不會有現在的索尼。

雖然索尼推出的電鍋以失敗收場，但接著推出的磁帶錄音機獲得了巨大的成功。索尼反覆在失敗中摸索，持續創造新價值並吸引新顧客，最終才實現了持續性的收益。

即使成功過一次，如果一直重複相同的做法，產品的價值可能會逐漸下降；只有不斷挑戰並創造新的價值，才能實現持續性的收益。

《不是「製造暢銷的機制」，而是「持續創造價值」》

讓我們重新確認一次行銷的目的吧！

行銷的終極目的是持續創造價值。

在製造出可能創造價值的商品、服務、體驗等產品之後，透過提供這些產品，找到能發現價值的顧客。接著，藉由持續提升價值，帶來持續性的收益，並利用這些收益進行二次投資，進一步創造新的價值。行銷就是為了實現這一個循環所進行的一切必要行動，這樣想是不是就很好理解了呢？

行銷的目的在於創造價值，還有創造能發現價值的顧客。最終，企業或組織便能因此取得持續性的收益。

有人說：「行銷是在製造能讓商品暢銷的機制。」但是，我認為與其說行銷是一套機制或流程，不如將它理解為「創造價值」的行動會比較貼切。

如果把「製造暢銷的機制」當作目的，就很容易出現像是「找網紅在ＩＧ上大肆宣傳，就可以讓產品暢銷了吧！」的想法。這就是一種無視顧客的狀態。

如果忽略產品價值與尋求它的顧客之間的關聯性，只是一味追求販售，那會讓你漸漸朝著以行銷的名義欺騙顧客的方向走去。

此外，若把行銷當成「製造暢銷的機制」的手段，不僅會讓人過度關注手段，忽略了「行銷的真正目的」，甚至可能不斷販售會造成顧客失去利益（產生利益的反效果）的產品，最終只會變成一種「資源耗損」。

將行銷視為「持續創造價值」的行動，並重視傾聽顧客的聲音，就能夠在社會中創造新的價值，企業也能在此找到存在的意義。

什麼才是真正優秀的廣告？

《不可以陷入的行銷黑暗面》

在我經手各種各樣的產品行銷時，經常被問到一個問題：「什麼是好廣告呢？」這是個非常困難的問題，因此在回答之前我們先來想想看什麼是「不好的廣告」吧！

那就是欺騙消費者的廣告，它存在於行銷的**黑暗面**。

首先，如同我在前面所說的一樣，產品點子是產品本身能夠提供的利益和獨特性；傳播點子則是思考如何把它們傳達給顧客。

製作廣告標語、思考表現方法或傳達方法等都屬於傳播點子，而行銷的黑暗面就是在這上面下功夫（操作），連產品無法提供的東西都宣傳得像是能提供一樣，並以此來吸引顧客。

例如，實際商品與廣告不符的案例就屬於這種情況。

這種情況下，顧客在店面看到實際商品後可能會覺得很失望。

當然，從提供產品的一方來看，製作廣告的目的並非是想讓顧客失望，而是基於希望顧客購買、希望顧客嘗試的想法。

不過，當實際的商品和顧客的期待差距過大時，顧客會重新評估其價值，並可能因此選擇離開。

也有顧客會認為：「即使如此，商品本身夠好，所以還是會持續購買。」也就是說，只要產品提供的利益夠好，就算對廣告多少有點失望，顧客可能會願意持續購買。

雖然關於這部分的判斷基準很困難，但企業還是必須避免掉進產品點子和溝通點子之間的黑暗面，始終保持高道德標準。

網路上有許多廣告正是黑暗面的體現。

以保養產品為例，常常會看到這種廣告：「只要擦這瓶保養液，就能讓你看起來年輕二十歲！」而且，廣告裡往往會放上大約五十多歲的女性使用產品後，馬上變成看起來只有二十多歲的照片。這樣的變化顯然不合邏輯，也難以讓人信賴。

在減肥保健食品的廣告也常會看到使用前與使用後的照片長寬比例明顯改變。

另外，某餐飲連鎖店曾發布即將販售某特定商品的廣告，但實際上卻因為一直缺貨而無法販售。這種行為被認定為廣告不實，觸犯「景品表示法」，而收到措置命令（譯注：令其改正、防止再犯的行政命令）。消費者廳、廣告審查機構會對企業廣告進行嚴格地檢查、提出改正指令並指導企業的理由，正是為了保護消費者的價值。

正因如此，行銷會被嚴格要求對顧客符合倫理規範和道德標準。

《「黑暗面」和「低估」的兩難》

話說回來，為什麼會出現這種行銷的黑暗面呢？

企業往往會藉由品牌名、包裝、廣告標語、宣傳手冊、廣告、公關、社群軟體等傳播點子來向顧客宣傳產品所擁有的利益和獨特性。

但如果在這個階段所傳遞的內容過於誇大，超出了產品實際能帶來的價值，就會讓顧客產生過高的期待。

一旦讓顧客抱有過高的期待，產品或許能夠賣出去一次，但那樣的收益往往也會止於一時性。

另一方面，如果宣傳內容低於產品實際能提供的利益和獨特性，就會造成「低估」，結果將導致「無法實現潛在銷售機會」。也就是說，明明是一款應該能更暢銷的產品，卻賣不出去。

從事行銷的人往往會在這樣的兩難之間煩惱著。

對於企業而言，在過高的期待與低估的兩難之間，比起追求一時性的銷售，更重要的是以具有持續性的形式來確實傳達產品能提供的利益和獨特性。

世界上有許多案例不僅成功跨越了這個黑暗面，還進一步提高了產品價值。

其中，我覺得最精彩的是，二〇〇八年Apple推出「世界上最薄的筆電」Macbook Air時，史蒂夫・賈伯斯主持的發表會。

為了強調筆電的輕薄，賈伯斯在台上拿起了裝資料的信封袋，並從中拿出

Macbook Air，那一瞬間會場歡聲雷動。由於當時的筆電還非常厚重，在現場的大家都非常驚訝它能被裝進信封。

透過賈伯斯的詮釋，即使沒有特地說明產品有多麼優秀，光看就能接收到它的利益和獨特性。不需要言語，就能傳達給全世界的人。

而且，他完全沒有說謊、誇飾。這個產品及傳播點子真的非常出色。

如何利用行銷繳出好成績？

《理想情況下，所有參與業務的人都在從事行銷》

如同我在前面說的一樣，行銷就是持續創造價值的行動。顧客（WHO）是誰？顧客發現價值的產品（WHAT）的利益和獨特性是什麼？行銷的核心就是找出、實現，並持續擴大「WHO跟WHAT的組合」。

換句話說就是，**為他人創造某種價值，並提供給他。**

仔細想想就會發現，其實我們的工作全部都建立在這個行銷的核心要素上。

不論是總務、會計、企劃，還是法務，每個部門都在試圖為他人創造某種價值。也就是說，每項工作中總是伴隨著WHO跟WHAT，而HOW則是用來實現它的手法。

因此，不只是業務部門和行銷部門，我們可以說所有參與業務的人都在從事行銷。

《工作是透過為某人提供某些東西來製造價值》

即使不是行銷負責人，理解「什麼是價值」並持續創造價值，依然是一件非常重要的事。

因此，我認為所有參與業務的人都先瞭解行銷會比較好，

就連NPO等非營利組織的活動或志工活動也是一樣。

即使是出於善意的活動，至少要能在對方的需求上提供利益才能製造價值；或是，察覺對方的潛在需求，並提供相對應的利益，讓對方從中發現價值。如此一來，對方才會感謝你，甚至之後會想再麻煩你幫忙。

不同的只有是否以金錢作為報酬而已。

如果對方覺得活動帶有強迫感，或覺得是一種困擾，那很可能就是因為沒有真正掌握對方的需求。

擔任志工清掃住家附近的垃圾其實也是在創造價值。

這時候的顧客（WHO）是路過附近的人、附近的居民；產品的利益和獨特性（WHAT）是「每天滿地垃圾的髒亂街道上，今天沒有垃圾，讓人心情愉快」；而為了製造價值在上班、上課前進行的清掃活動就是（HOW）。

雖然沒有金錢的報酬，但藉由清潔街道，能讓使用街道的人心情愉悅、精神變得更正向、更安定等。如果有人注意到是你在清掃，可能會得到一句「謝謝」。

當我們收到感謝時，會感覺自己有幫助到人，由此而生的充實感就像是獲得了一種精神上的報酬。

當然，這種感覺會因人而異，無法一概而論，但即使是無償的行動，WHO、WHAT和HOW的架構基本上也不會改變。

我們在進行工作或各種活動時，無論何時都應該確實分解WHO、WHAT和HOW，並清楚掌握它們。

《一切都從把重心放在顧客上開始》

只要行銷的目的仍是「對某人創造價值」，**行銷的核心技能就會是「讓自己站在顧客的立場，想像對顧客來說什麼東西能成為價值的能力」**。

換句話說，就是以顧客的角度想像「顧客即使花費金錢、時間、體力、腦力，也想得到的利益和獨特性是什麼」的能力。

這也可以說是**顧客洞察**。在這裡必須注意的是，不是把顧客當作一個對象看待，而是把自己當作顧客來想像。

因此，如果對人有興趣，會很適合成為行銷專員。

有行銷專員比起人，對錢更有興趣。我不覺得對錢有興趣是件壞事，但如果把賺錢當作目的，會很難察覺顧客是否有感受到價值，也難以判斷價值屬於一時性，還是持續性。

甚至，出現競爭產品時，也沒辦法發現自身產品的相對價值正在下降。

而且，當你只專注在「能不能賺錢」時，最終你的心態只會變成「無論用什麼方式都要把它給我賣掉」、「這個月的目標營業額是增加20％」。

只要老闆、銷售負責人、品牌經理等人開始這樣說，下屬就會把這個指示當作目的，變得不願意深入瞭解顧客，最終導致顧客從公司漸漸地離去。

顧客的流失會讓你變得不知道要對誰實現什麼價值、不知道從誰得到收益。

儘管企業最重要的是一邊觀察顧客的行動和心理，一邊持續思考要對什麼樣的顧客提供什麼樣的價值來創造收益，但顧客的流失將會使這一切變得更加困難。即使現在企業能獲得利潤，但只要狀況發生變化，可能就無法維持銷售，甚至陷入無法突破的困境。

至今我見過許多被稱為天才行銷專員的人，他們的共通點是**拼命地不斷思考做什麼事才能讓顧客滿意。**

也就是說，他們總是以顧客為起點來思考。無論是什麼樣的產品，他們都堅信顧客最終一定會給予正面評價，同時自己也誠摯地尋求正面評價。正因如此，這些人才會成功。

此外，還有一點可以說的是，**被稱為天才行銷專員的人也經歷過無數失敗。**在行銷領域當中，並不存在百發百中的成功者。

真正能持續繳出成績的，是那些不斷思考「提供什麼樣的利益和獨特性能創造價值？」以及「誰會發現這些價值？」並在錯誤中持續摸索的人。

沒有人一出生就是天才行銷專員，但那些持續正視顧客需求並取得成功的人，會被稱為「天才」。

《鍛鍊創造價值的技能——「為什麼要買？」的模擬練習》

那麼要怎麼做才能養成在行銷領域中不可或缺的**想像對顧客來說的價值的能力**

呢？我認為最重要的是**隨時隨地進行模擬練習**。

也就是說，當大家去超市或零售店時，實際拿起商品想像一下：「誰會買這個商品呢？」、「什麼樣的人會在這個商品上發現高價值呢？」、「那是什麼樣的利益和獨特性呢？」

我經常瀏覽Amazon、樂天等購物網站。

我也很常看廣告，包括街上的看板、車站月台的廣告、電車內的廣告、計程車內的廣告，甚至搭乘新幹線時也會從車窗往外看街上的廣告、鐵路沿線的廣告。

當中有些是不知道在宣傳什麼的謎之廣告，我會看著這些廣告不停地思考：「這個廣告是可以的嗎？如果是我會怎麼做？」、「誰會在這個廣告上感受到價值呢？」

此外，我也會看日本經濟新聞選出的「年度熱銷商品」前幾名的商品、入選電視廣告大獎的產品等，並在想像「什麼人會買這些產品」的同時，回頭看之前第一名、第二名的產品在今年的狀況。

只要對與自己無關的商品或服務**進行自由模擬思考，就能幫助我們暸解此商品或服務與顧客之間可能成立的利益和獨特性。**

《訓練自己思考生活中所有事物的價值》

買完東西的時候，我會回想「為什麼要買了這個？」

買東西不一定總是存在著合乎邏輯的理由，也會涉及到喜好、興趣、當天心情等心理因素。即使如此，購物背後一定都會有與之連結的某種理由。我們可以試著想想看「那是什麼？」、「會不會有人在上面感受到相同的價值？」

此外，思考自己每天花費金錢、時間、體力、腦力取得的東西是否可以用其他東西來取代，也是一個很好的模擬訓練。

以口香糖為例，最近口香糖的營業額大幅下降。根據日本口香糖協會的調查，二〇二一年的口香糖零售額為775億日圓，僅為二〇〇四年高峰時的四成。取代口香糖、營業額有所成長的是FRISK、MINTIA等薄荷錠。※日本口香糖協會「口香糖的生產量與販售額」https://chewing-gum.jp

如果「能讓嘴中清新芬香」的利益相同，吃完後不會製造垃圾、可以直接吞下去的糖果錠似乎比較方便。或許像FRISK、MINTIA這樣的薄荷錠會漸漸取代口香糖（當然，新冠疫情期間所有產品都處於嚴峻的狀態）。

不妨回顧一下日常生活，想想看還有沒有其他類似的商品吧！

為什麼早餐吃沙拉呢？它能用其他東西取代嗎？

為什麼不看電視，而用手機看影片呢？

新冠疫情期間營業額可能上升的東西會是什麼？口罩生活中，出現什麼產品或服務能讓大家過得更舒適呢？

像這樣思考有沒有某種價值可能替代日常生活中的事物，然後讓我們把這個模擬練習當作一種樂趣吧！

《從企業歷史中可以發現價值會隨著時代變動》

調查看看持續對顧客提供價值的企業或品牌的歷史，也能帶來創造價值的靈感。

價值是一種會隨著時代變動的東西。因此，企業會配合時代創造價值、增添附加價值、製作不同的商品、開始新的服務，進而擴展事業、品牌的規模。

觀察那些成功創造價值的企業的歷史，我們便能一窺**「人們所感受到的價值」**是如何隨著時代改變的。

讓我們以已經出現過很多次的索尼為例子來看看吧！索尼在創業初期以修理收音機的事業取得成功。看到現在的索尼，很難以想像吧？

但是，讓我們考慮一下當時的時代背景。當時收音機的零件相當高價，因此無法簡單地修理，也因為貴重才讓許多人相當珍惜。只要像這樣回想當時的情形，我們就能夠理解顧客的心情了。

解開索尼的歷史脈絡後，不能只是停留在「過去曾經修理收音機」這個事實，而是要進一步思考「那麼，在這個時代有什麼東西是會讓人願意修理繼續使用的？」

回過頭來看看這個時代的情況吧！現在的日本有沒有什麼東西是修理起來特

別有價值的呢？或許電動車（EV）會是第一個浮現在腦海中的選項。

電動車的維修除了「自動車整備士」的證照以外，不需要其他國家證照，因此一般汽車維修工廠裡的維修人員就可以維修電動車了。

但是，電動車的系統與燃油車之間有非常大的差異，維修時還需要使用到電腦。維修人員的專業領域是燃油車的保養、維修，但如果要維修電動車，還必須具備電力系統的相關知識。因此，人們普遍認為電動車的維修很困難。

這讓電動車使用者大多選擇回原廠維修。假設有一間維修工廠能解析電子晶片並進行維修，這對電動車使用者來說會是一種巨大的利益吧！因此，可能會出現一間維修工廠主打：「我們工廠能比所有電動車經銷商修理得更快速、更便宜。」

電動車是高價的產品，且和以前的收音機一樣沒辦法自己修理，回原廠修理又要花費高額的維修費用。我們可以想像，如果在家附近的維修工廠就能簡單修理電動車，應該會讓許多人感到方便又開心，而且隨著電動車的普及，這些人會越來越多。

透過像這樣回顧企業的歷史，理解「為什麼會產生那樣的價值？」，就算不能在這個時代如出一徹地再現，也會更容易找到契合這個時代的「相似形」。即使是不同的產品、不同的對象，也能在這個過程學到許多東西。

我們很容易只專注在「現在成功的東西」，但透過回顧過去歷史，能讓我們轉換到不同的視角。

讓我們回顧歷史，從中瞭解人們在尋求什麼價值、在什麼東西上感受到價值、價值是如何變化過來的吧！這將有助於我們創造出人類今後會尋求的價值。

學習行銷有什麼好處？

《持續創造價值也有助於職涯的成長》

最近，即使不是行銷部門的人，也越來越多人對行銷產生興趣。

我在前面提到參與業務的所有人都在從事行銷活動，**但如果進一步深入探究行銷，它其實也會牽涉到每個人的職涯發展。**

雖然這會有點偏離在工作中活用行銷的話題，但因為與許多人息息相關，我想在最後稍微提及一下。

或許有些讀者正因為不知道今後該如何充實自己的職涯而煩惱著，

其實這時候**只要站在「價值」與「顧客」的角度上思考，就會漸漸明白自己該做的事和該前進的道路。**

在社會上工作，就是持續替他人提供能帶來好處的利益。對方可能是公司，也可能是一位顧客。如果感覺自己無法提供很好的利益，就必須找出自己能提供的利益並持續精進它。

此外，如果很多人都能提供相同的利益，競爭會變得激烈，因此還必須具備「無法被取代」的獨特性。

自己正在提供某種價值嗎？
有人受到我的幫助嗎？有人因為我而感到高興嗎？有人因為我而心懷感謝嗎？那個人是誰呢？

我能夠創造出其他人沒辦法提供的東西嗎？

請大家試著從這樣的視角來思考自己應該做的事和今後的目標吧！

接下來要就業的人在一開始先理解「行銷是什麼」，也會更容易理解工作的本質。

工作如同行銷，如果找不到能發現價值的顧客，就得不到報酬。必須找出顧客才能讓企業成功運作，而企業的員工也才能獲得薪水。

我要以誰為顧客，創造什麼樣的利益和獨特性？只要時常思考這件事就能讓你創造出更高的價值，並不斷累積實績和技能。

此外，持續創造價值，在個人的職涯中也是一件很重要的事。

想在工作上持續創造價值，必須持續學習必要的知識和技能，但只有這樣還不夠。

知識和技能就是所謂的HOW，它會隨著時代和狀況而不斷改變。透過吸取新的知識和技能，除了能提升工作能力以外，職涯也會更加充實。不過，顧客一旦取得我們創造出來的價值，它就會發生變化。也就是說，在顧客取得價值的瞬間，它就不再新穎，我們也會出現尋求新價值的機會。

顧客本身也會持續改變。

因此，我們必須持續思考WHO跟WHAT——**「對誰，能創造什麼價值？」**

《創造價值能讓我們找到生存的意義》

創造價值不只能充實職涯，也能讓我們找到工作和人生的意義。

請大家想像一下：

假設公司主管指示你：「請在這裡堆疊十顆石頭。」等你疊完之後，他要你把十顆石頭放回去。接著，他又要你疊十顆石頭，然後又要你把石頭放回去。只要每天反覆進行這個動作，就能得到兩倍的薪水。

如果你受到這樣的指示，會怎麼想呢？即使薪水會變成兩倍，但幾乎所有人都會精神崩潰吧？

別人叫你排你就排，覺得創造出某些價值的時候，卻又要親手把它破壞掉。這件事不為誰而做，也無法讓任何人高興。

這個工作正像是一個悲傷的故事：比雙親早亡的子女會在地獄入口處的賽之河原堆積石頭，但鬼會過來不斷破壞它。

為什麼會感覺精神崩潰呢？這是因為在自己做的事情上找不到意義，明白自己並沒有創造出任何價值。

人類這種生物，基本上會透過創造價值讓他人感到幸福、得到他人的認可和感謝，並藉此獲得成就感。因為，在這上面能感覺自己的存在有所意義，也能找到自己的生存意義。

回顧長遠的歷史也能發現，人類自古以來就是透過向周遭的人提供利益和獨特性——價值，來建立信任關係，並藉此取得糧食與安全。

與家人和睦相處、交到值得信賴的朋友、幫助他人等，這些事情其實都可以說是在「創造價值」。

例如，如果有人對你說：「不知道為什麼，跟你說話讓我好安心」，你就是在對那個人提供價值。

只要對周遭的人提供價值，當你遇到困難時，也會有人來幫忙。

透過對他人創造價值，我們會找出自己存在的意義。

反過來說，當自覺自己無法創造任何價值時，人會感到絕望。

不與人接觸、感到孤獨的人，精神狀態會惡化的原因就在於找不到自己存在的理由。人必須讓他人感受到價值，才能找出自己存在的意義。正是因為知道自己對他人有所幫助，我們才能夠努力，也會變得更有動力。

當你在工作上提不起勁時，可能就是因為看不到自己對創造價值的貢獻。

在營業額沒有上升的狀況下，持續販售無法對他人有幫助的商品，自然而然沒辦法讓任何人高興。這種狀態下便難以提升動力。

如果持續過著沒辦法讓任何人高興、沒辦法讓任何人對你感謝的生活，我們會失去工作的動力；相反地，如果顧客對你說：「這個商品真的很棒喔！謝謝你」，這樣一句話就能讓人瞬間充滿幹勁。

因此，我們必須相信產品存在著顧客，且這些顧客在產品上感受到價值。在工作上，這會是件非常重要的事。

人會想親身感受到「自己是能夠創造價值的存在」，感受到這件事才能讓人覺得有歸屬感。說到底，這就是人類的本質吧！

所有人都是過著藉由對他人創造並提供價值來獲得報酬的生活。這就是價值的創造會對人類社會的安定，甚至是人類的生存來說如此重要的緣由。

《理解行銷，人生將變得更輕鬆》

說到這邊，本書的內容也所剩不多了。最後，我想在結尾說明為什麼理解基本的行銷能讓人生變輕鬆。

這是怎麼一回事呢？當你覺得自己耗費許多時間或勞力，或是對未來感到迷茫時，只要建立「創造價值」這一個指針，就能讓你找到方向。

也就是說，不知道在繁多的事情當中該優先做什麼的時候，把「做這件事能讓人覺得高興嗎？」以及「有人會在這上面感受到價值嗎？」當作軸心來思考，就能讓你簡單找出答案了。

然後，你會因此變得能夠果決地判斷，「既然無法讓人高興就不做了，想想其他事吧！」

當我們看到顧客因為自己提供的產品而高興時，就會覺得產品一定能幫助到顧客，並因此充滿幹勁。

也就是說，我們動力的泉源就是能夠感受到自己在做的事能成為他人的價值。

在我現在在做的事情上，有人感受到價值嗎？

不管你是一個人忿忿不平：「我明明那麼努力，卻沒有人認同我」，還是對前途迷茫：「就這樣繼續做這個工作好嗎？」只要隨時帶著這個視角，就能漸漸明白該怎麼做。

只要能夠在自己的工作上找到「對某人來說的價值」，並進一步思考要怎麼做才能讓那個人更加高興，不管是什麼工作都一定會得到一些成果的。如此一來，你也能夠找到工作的成就感和意義。

結語

感謝大家讀到這邊。

事實上我寫下這本書的契機，是因為收到了日本實業出版社川上聰先生的訊息，他說：「想做一本針對行銷初學者的書。」

明明世界上充斥著許多行銷書，人們卻是越學越不懂。特別是年輕人越來越抗拒行銷，認為「行銷＝難以理解的魔法。」

川上先生說他本身也讀過各種行銷書，知識是有所增加，但還是不知道如何活用。

我希望能運用我三十年以上的商業實務經驗及知識來幫助實務工作者，所以至

今出版了許多書，包括〈たった一人の分析から事業は成長する　実践　顧客起点マーケティング〉（二〇一九年四月：翔泳社）、〈アフターコロナのマーケティング戦略　最重要ポイント40〉（二〇二〇年十二月：ダイヤモンド社／現ファミリーマーケティングCMOの足立光さんと共著）、〈漫画でわかる新しいマーケティング一人の顧客分析からアイデアを作る方法〉（二〇二一年九月：池田書店）、〈企業の「成長の壁」を突破する改革　顧客起点の経営〉（二〇二二年六月：日経BP社）。

聽到這些書「能對實務工作產生立即性的幫助」的同時，也聽到許多剛開始從事行銷業務的年輕人、想要開始讀行銷的社會人或學生說：「行銷很難。」

在那之後，我和川上先生、擔任編輯的真田晴美小姐等四位行銷初學者進行了為期半年的對談，並經過總共250人以上的問答環節，才完成了本書。

我誠摯地希望本書能成為羅盤和地圖，為走在工作和人生的道路上的讀者們帶來一些幫助。

感謝前田千明小姐、物井佳奈小姐、櫻井文惠小姐一同參加了漫長的問答環節並給予許多建議。此外，也感謝西村麻美小姐、西川魅菜子小姐、神村優步小姐、原田真帆小姐等人，協助製作本書。

希望行銷能夠持續創造出更美好的世界。

二〇二三年一月一日 神戶辦公室

西口一希

【作者簡介】

西口一希

現任Strategy Partners公司執行長。1990年自大阪大學經濟學系畢業後加入日本P&G公司，擔任品牌經理和行銷總監，負責過「幫寶適」、「潘婷」、「品客」、「維達沙宣」等品牌。2006年起擔任樂敦製藥公司執行董事行銷本部長，經手了「肌研」、「Obagi」、「DeOu」、「樂敦眼藥水」等60多個品牌。2015年起擔任日本歐舒丹董事長，並於2016年達成歐舒丹集團史上最高收益的紀錄，是第一位獲選全球電子商務成員的亞洲人。此後，他擔任外部董事和策略顧問。2017年起擔任Smart News的執行董事，負責日本和美國的行銷計畫，對公司的快速成長有著很大的貢獻。APP的累計下載量達到5千萬次、月活躍用戶數達到2千萬人，公司估值突破10億美圓（當時約合1千億日圓），成為獨角獸公司。2019年起擔任Strategy Partners公司執行長，主要進行事業策略、行銷策略的顧問業務和投資活動。接著，共同創辦了以策略調查為事業主軸的M-Force公司。著有「たった一人の分析から事業は成長する　実践顧客起点マーケティング」（翔泳社）、「マンガでわかる　新しいマーケティング」（池田書店）、「企業の「成長の壁」を突破する改革　顧客起点の経営」（日経BP）等書。合著有「アフターコロナのマーケティング戦略」（ダイヤモンド社）。

MARKETING O MANANDAKEREDO, DOTSUKAEBAIIKA WAKARANAI HITO HE
Copyright © 2023 Kazuki Nishiguchi
All rights reserved.
Originally published in Japan by Nippon Jitsugyo Publishing Co., Ltd.,
Chinese (in traditional character only) translation rights arranged with
Nippon Jitsugyo Publishing Co., Ltd., through CREEK & RIVER Co., Ltd.

行銷別再靠運氣！
從基礎開始的行銷思維

出　　版／楓葉社文化事業有限公司
地　　址／新北市板橋區信義路163巷3號10樓
郵政劃撥／19907596　楓書坊文化出版社
網　　址／www.maplebook.com.tw
電　　話／02-2957-6096
傳　　真／02-2957-6435
作　　者／西口一希
翻　　譯／顏君霖
責任編輯／黃穫容
內文排版／洪浩剛
港澳經銷／泛華發行代理有限公司
定　　價／400元
初版日期／2025年8月

國家圖書館出版品預行編目資料

行銷別再靠運氣！從基礎開始的行銷思維 / 西口一希作 ; 顏君霖譯. -- 初版. -- 新北市 : 楓葉社文化事業有限公司, 2025.08　面 ; 公分

ISBN 978-986-370-835-3（平裝）

1. 行銷學　2. 行銷策略

496　　114008890